Ulrich Berger/Dr. med. Egbert Stephan

Rückenschmerzen wirkungsvoll lindern

Tips zur Selbsthilfe, Rückenschule und Gymnastik

Warnsignale erkennen, das aktive Behandlungsprogramm für Bandscheibenleiden

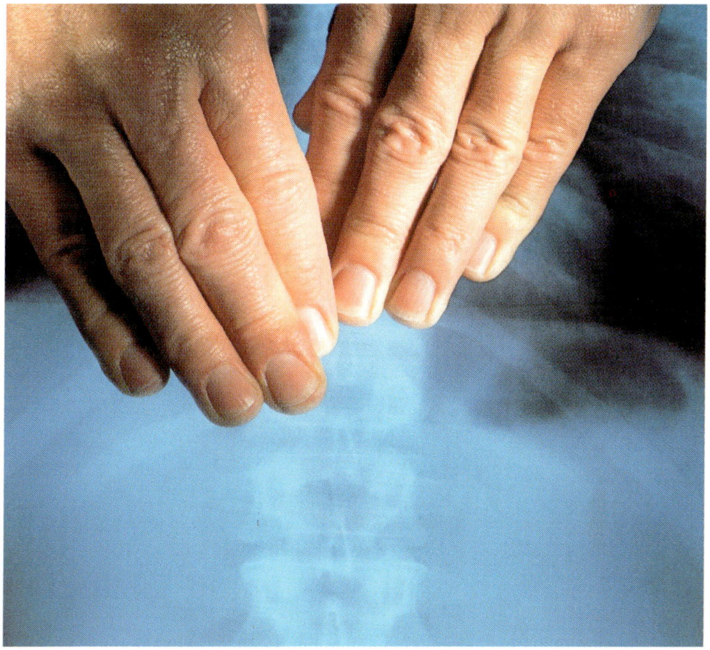

Südwest

Inhalt

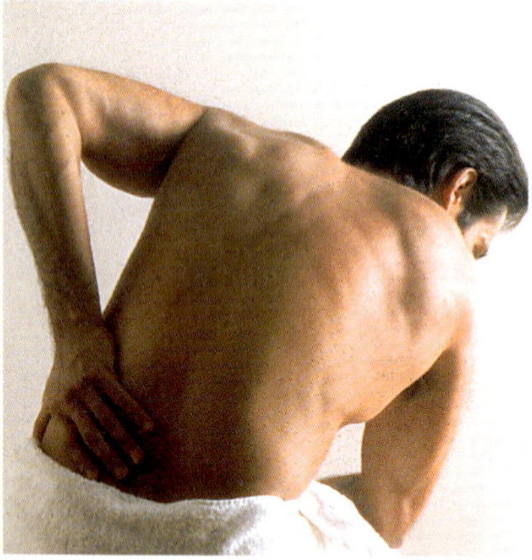

Der Rücken ist starken Belastungen ausgesetzt

Sanfte Behandlungsmethoden

Lernen Sie, sich zu entspannen

Mäßiges Training ist gut

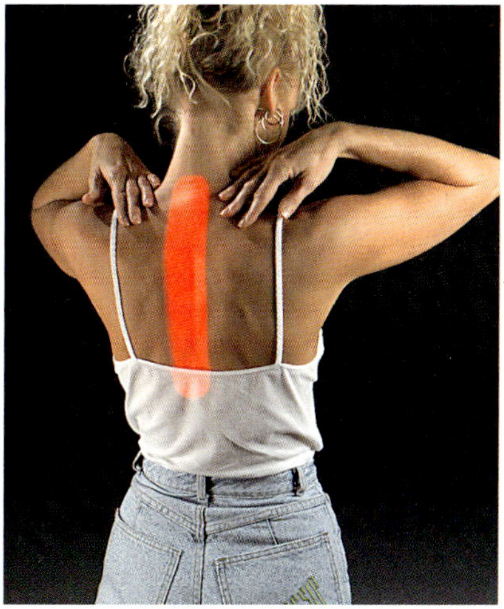

Das Rückgrat hält uns aufrecht

Vorwort

Der Einsatz natürlicher Behandlungsmethoden hilft Medikamente, die fast nie ohne Nebenwirkungen sind, einzusparen. Eventuell kann man sogar ganz ohne sie auskommen.

Eine ärztliche Fachzeitschrift veröffentlichte kürzlich das Ergebnis einer Umfrage, das allen Rückenpatienten zu denken geben müßte. Ärzte der orthopädischen Universitätsklinik Heidelberg hatten 169 Kollegen danach gefragt, ob sie einen Bandscheibenvorfall im Kreuz operieren lassen würden. Mehr als 80 Prozent der Orthopäden waren dazu nicht bereit, selbst wenn die Beschwerden ein Jahr lang immer wiederkehren sollten.

Das Umfrageergebnis ist nicht erstaunlich. Die Fachleute wissen schließlich selbst am besten, daß Bandscheibenchirurgie – trotz ausgefeilter Operationstechniken – problematisch ist. Selbst wenn der Eingriff gelungen ist, kann Narbengewebe bereits den Keim für neue Beschwerden legen.

Wirksame Methoden ohne Nebenwirkungen

Aber auch die rund 500 Schmerz- und Rheumamittel, die in Deutschland im Handel sind, können viel Schaden anrichten. Wer die Beipackzettel dieser Medikamente aufmerksam liest, dem sträuben sich teilweise die Haare. Die eventuellen Nebenwirkungen reichen nämlich von Übelkeit und Durchfall über Asthmaanfälle, Wasseransammlungen im Körper bis hin zu Haarausfall und Gelbsucht.

Kein Wunder, daß immer wieder Rückenleidende nach möglichst natürlichen, aber dennoch wirksamen Therapien Ausschau halten, um von ihren Schmerzen befreit zu werden.

Dieser Ratgeber zeigt Ihnen, daß es außer Operationen, Medikamenten und Spritzen zahlreiche andere gute Hilfen gibt – bewährte alte, aber auch neue und weitgehend unbekannte Behandlungsmethoden, die alle einen großen Vorteil haben: Sie sind so gut wie risikolos und trotzdem wirksam.

In diesem Buch erfahren Sie aber auch, was Sie selbst alles bei Rückenschmerzen tun können. Vom Kauf der richtigen Matratze bis zur schmerzlindernden Kurzgymnastik am Computer, von der Hilfe bei chronischen Schmerzen bis zum Wegweiser durch die »guten« und »schlechten« Sportarten finden sie viele Expertenratschläge, die Ihnen den Alltag erleichtern werden.

Der Verlag und die Autoren würden sich freuen, wenn dieser kleine Ratgeber dazu beiträgt, daß Sie nie wieder »kreuzunglücklich« sind.

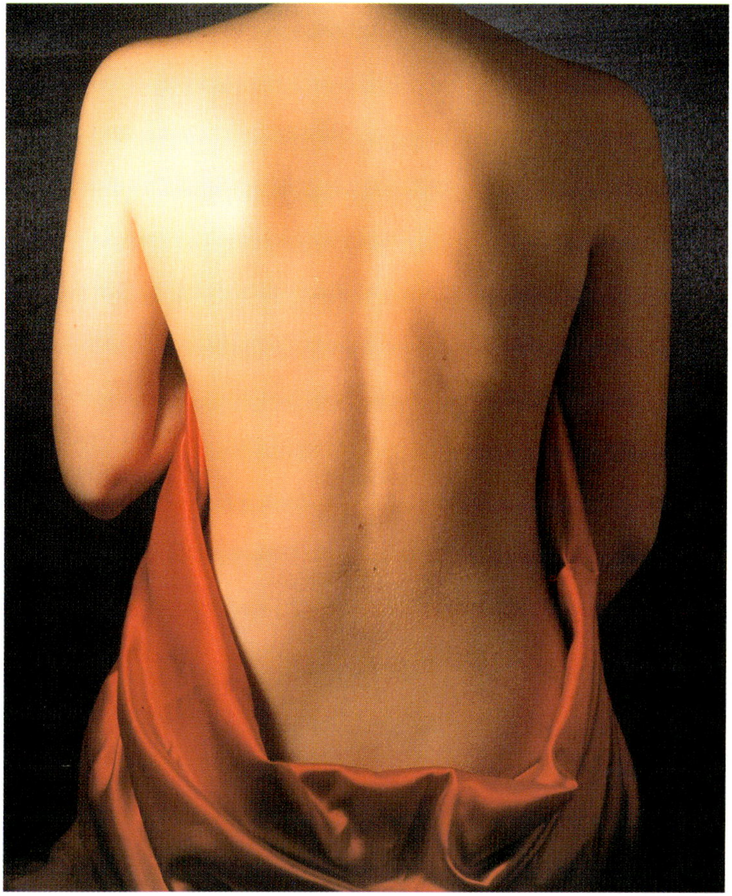

Ein schöner Rücken kann sehr entzücken, wenn man nicht an ständigen Rückenschmerzen zu leiden hat! Allein in Deutschland sind mehr als 30 Prozent der Menschen davon betroffen. Und immer häufiger wird nach alternativen Methoden zur Schmerzlinderung und Heilung gefragt.

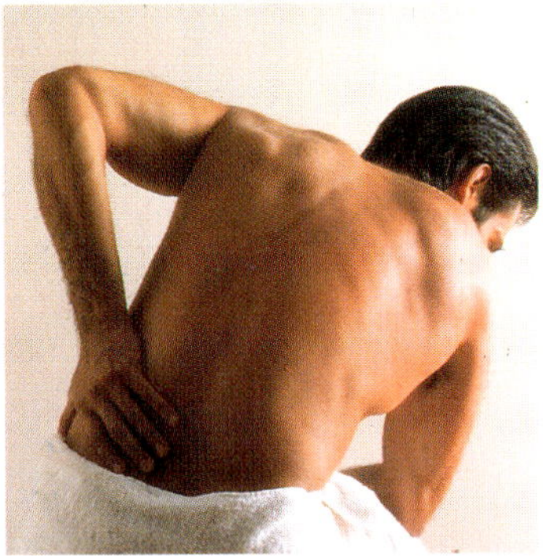

Rückenprobleme sind weitverbreitet

Die Erkrankungen des Rückens

Volkskrankheit Rückenschmerzen

Ein paar traurige Fakten vorab:

- Jeder dritte Deutsche leidet heute ständig an Rückenschmerzen.
- Nur 10 Prozent der Erwachsenen werden von dem Volksleiden gänzlich verschont.
- Jede zweite Berentung geht auf das Konto von Rückenschmerzen.
- Täglich werden in der Bundesrepublik weit über 100 Patienten an der Bandscheibe operiert.
- Etwa 80 Prozent fühlen sich danach beschwerdefrei, bei 10 bis 15 Prozent hat sich der Zustand zumindest gebessert, 5 Prozent der Operationen bleiben erfolglos.

Von allen Krankheiten stehen Rückenbeschwerden an oberster Stelle. Sie wurden zum häufigsten Grund für Klinikeinweisungen.

Die Erfolgsquote von 80 Prozent sagt jedoch nichts darüber aus, wie lange diese Patienten ohne Schmerzen bleiben. Oft kehren die Beschwerden nach Monaten oder Jahren wieder.

So ist Ihr Rücken aufgebaut

Keine Sorge: Wir überfordern Sie hier nicht mit einem Schnellkurs in Anatomie. Doch ein paar Informationen über Ihren Körper sind einfach unerläßlich, wenn Sie Probleme mit dem Rücken haben und schnell wieder beschwerdefrei werden wollen.

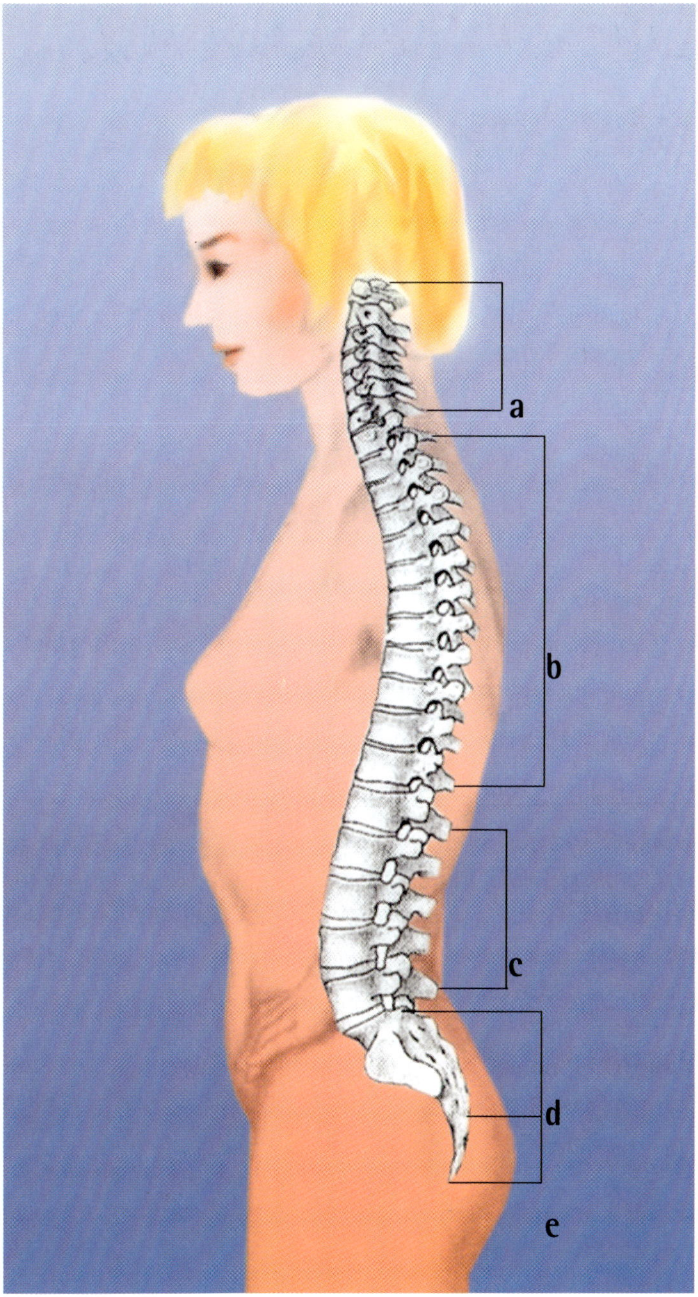

Bei richtiger, natürlicher Rückenhaltung hat die Wirbelsäule leichte Krümmungen: im Lendenbereich und im Halsteil ist sie nach vorne gewölbt, im Brustbereich nach hinten. Damit kann die Wirbelsäule Stöße abfedern, denen der Körper ständig ausgesetzt ist.
a: 7 Halswirbel;
b: 12 Brustwirbel;
c: 5 Lendenwirbel;
d: 5 Kreuzbeinwirbel;
e: 4 bis 5 Steißbeinwirbel.

Das Rückgrat

Das Rückgrat kann man sich wie einen biegsamen Knochenstab vorstellen, der in fünf verschiedene Abschnitte unterteilt ist:

Keine Regel ohne Ausnahme: Es gibt durchaus Menschen, die mehr oder auch weniger als fünf Lendenwirbel haben.

- Sieben Halswirbel
- Zwölf Brustwirbel
- Fünf Lendenwirbel
- Fünf Kreuzbeinwirbel
- Vier bis fünf Steißbeinwirbel.

Die Kreuz- und Steißbeinwirbel sind jedoch jeweils zu einem starren Knochen verwachsen.

Die Bandscheiben

Zwischen den zylinderförmigen Wirbelkörpern befinden sich die knorpelartigen Zwischenplatten – die Bandscheiben. Sie bestehen aus einem elastischen Gewebe mit einem gallertartigen Kern und wirken wie ein mechanischer Stoßdämpfer. Lediglich im Bereich der oberen Halswirbelsäule, genauer gesagt, zwischen dem ersten und zweiten Halswirbel, gibt es keine Bandscheibe. Hier befinden sich statt dessen nur Gelenke. Mehrere hundert Muskeln, Sehnen, Bänder und Gelenkkapseln sorgen dafür, daß dieses komplizierte Bauwerk nicht zusammenbricht.

Bandscheiben wachsen über Nacht

Bandscheiben sind morgens höher als am Abend, weil sie nachts – während des Schlafs – aus der Umgebung Flüssigkeit aufnehmen und damit praller werden (ein Grund, weshalb wir morgens etwas größer sind als abends). Aber auch Bewegung der Wirbelsäule ist dringend erforderliche »Nahrung« für die Bandscheiben.

Die Elastizität nimmt ab

Je älter wir werden, desto mehr gerät der Rücken unter »Beschuß«. Die Bandscheibenpuffer verlieren ihre Elastizität und ihre normale Höhe. Dadurch können einzelne Abschnitte der Wirbelsäule überbeweglich werden, weil die Bänder, die zwei Wirbelkörper zusammenhalten, nicht mehr straff gespannt sind. Eine fatale Entwicklung: Die Wirbelkörper verschieben sich – ein schmerzhafter Vorgang!

Nicht nur altersbedingte Ursachen

Bewegungsmangel, falsche Ernährung und falsche Körperhaltung beschleunigen zusätzlich diesen natürlichen Verschleiß. Falsche Belastung oder abrupte Drehbewegungen können einem bereits vorgeschädigten Rücken den Garaus machen: Es kommt zu Blockaden der kleinen Wirbelgelenke, Überdehnungen von Sehnen und Gelenkkapseln, Muskelverspannungen oder -zerrungen.

Eine Kombination aus falscher Ernährung, Bewegungsmangel, Fehlbelastung des Rückens und Streß führt zu den weitverbreiteten Belastungsrückenschmerzen.

Die häufigsten Erkrankungen der Wirbelsäule

Belastungsrückenschmerzen

Auf dem Röntgenbild sieht man nichts, der Arzt zuckt die Achseln – und dennoch sind sie da: die Schmerzen im Rücken. Ursachen sind ein Geflecht aus falscher Ernährung, falschen Bewegungsabläufen, Bewegungsmangel, Streß und Ärger. In den orthopädischen Praxen sind Patienten mit diesen Belastungsrückenschmerzen die besten Kunden. Nur: Ihnen kann in den seltensten Fällen geholfen werden, weil erstens die Mediziner wenig Zeit für ihre Sorgen und Probleme haben und zweitens den Ursachen nicht mit Pillen und Salben beizukommen ist. Häufig empfindet man den

Schmerz im gesamten Rücken, quasi von oben bis unten. Die Muskulatur ist verspannt und reagiert schmerzhaft auf Druck. Dabei bleibt die Beweglichkeit der Wirbelsäule nahezu frei. Als Diagnose tippen manche Ärzte in ihrer Ratlosigkeit auf belanglose Abnutzungsveränderungen, die sich fast bei jedem Erwachsenen finden.

LWS-Syndrom

Dies ist auch ein sehr schwammiger Begriff für eine Vielzahl von Rückenbeschwerden, die verschiedene Ursachen haben können. Erst durch Zusätze wie »degenerativ« (abnutzungsbedingt), »traumatisch« (unfallbedingt) oder »diskogen« (bandscheibenbedingt) ergibt sich eine klare Aussage.

Rückenbeschwerden, die den Bereich der Lendenwirbelsäule betreffen, werden im Fachjargon nur kurz LWS-Syndrom genannt.

Hexenschuß (akute Lumbalgie)

In der Sprache der Mediziner heißt der Hexenschuß akute Lumbalgie, was aber auch nur bedeutet, daß es im Kreuz weh tut, und zwar plötzlich! Über die Ursache sagt der Begriff »Lumbalgie« gar nichts. Reißt es nicht nur im Rücken, sondern auch im Bein, wäre die fachmännische Bezeichnung »Lumboischialgie«.

Die häufigsten Ursachen von Hexenschüssen sind Blockierungen von Wirbelgelenken – etwa durch falsche Bewegungen – oder Bandscheibenprobleme.

Ischialgie

Sie macht sich durch ausstrahlende Schmerzen im Bereich der Beine bemerkbar, meist verursacht durch Reizung einer Nervenwurzel (z. B. bei einem Bandscheibenvorfall). Aber auch bei Reizungen von Wirbelgelenken oder Bändern der unteren Lendenwirbelsäule verspürt der leidgeplagte Patient das äußerst unangenehme Beinreißen.

Eine Ischialgie kann auch von Blockierungen der Kreuz-Darmbein-Gelenke ausgehen, was sehr häufig übersehen wird. Diese Gelenke befinden sich im Bereich des Gesäßes.

Wichtig:
Strahlen Rückenschmerzen in Beine oder Arme aus, oder bemerken Sie ein Taubheitsgefühl in Beinen oder Armen, dann sollten Sie umgehend einen Arzt aufsuchen. Möglicherweise ist ein Bandscheibenvorfall die Ursache.

Bandscheibenvorfall (Prolaps)

Besonders gefürchtet ist der Vorfall einer Bandscheibe (Prolaps). Aus dem gerissenen Faserring des Knorpelpolsters quillt die Gallertmasse hervor und drückt auf die aus dem Wirbelkanal austretenden Nervenwurzeln oder auf empfindliche Bänder im Rückenmarkskanal. Je nachdem, wo sich diese Druckstelle befindet, können die Schmerzen in Beine und Füße, in Schultern und Arme ausstrahlen. Sie können aber auch, wenn der Vorfall keine Nervenwurzel einengt, lediglich Schmerzen im Rücken verursachen. Solche Bandscheibenvorfälle werden häufig nicht entdeckt.

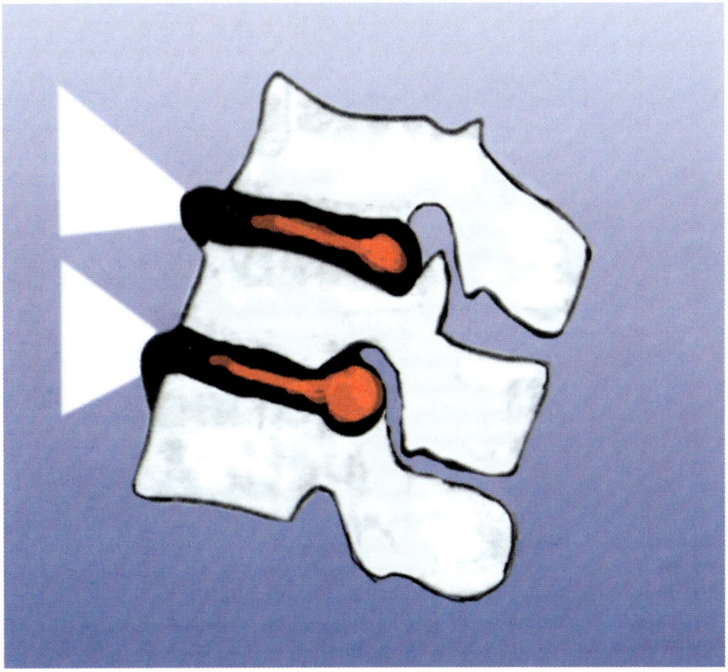

Die Gallertmasse, die zwischen den Wirbelkörpern ausgetreten ist, kann durch Wärmebehandlung im günstigsten Fall wieder zurückgeleitet werden.

Knochenbrüchigkeit (Osteoporose)

Bei der Osteoporose werden die Knochen durch einen Verlust an Kalzium und Mineralien immer mehr abgebaut. Die Knochen können dann wesentlich leichter brechen.

Die Knochen werden brüchiger. Im Prinzip ein normaler Vorgang, wenn man älter wird. Besonders betroffen sind Frauen nach den Wechseljahren aufgrund hormonaler Veränderungen (man schätzt, daß etwa die Hälfte aller Frauen über 45 Jahren Osteoporose haben). Die Osteoporose wird gefördert durch Bewegungsmangel, eiweiß- und kalziumarme Ernährung.

Seitliche Wirbelsäulenverkrümmungen (Skoliosen)

Seitliche Wirbelsäulenverkrümmungen entstehen überwiegend während des Wachstums, wobei die Ursachen noch im dunkeln liegen. Besonders Mädchen sind davon betroffen. Weitaus seltener sind Verkrümmungen der Wirbelsäule, die auf angeborenen Verformungen der Wirbelkörper beruhen.

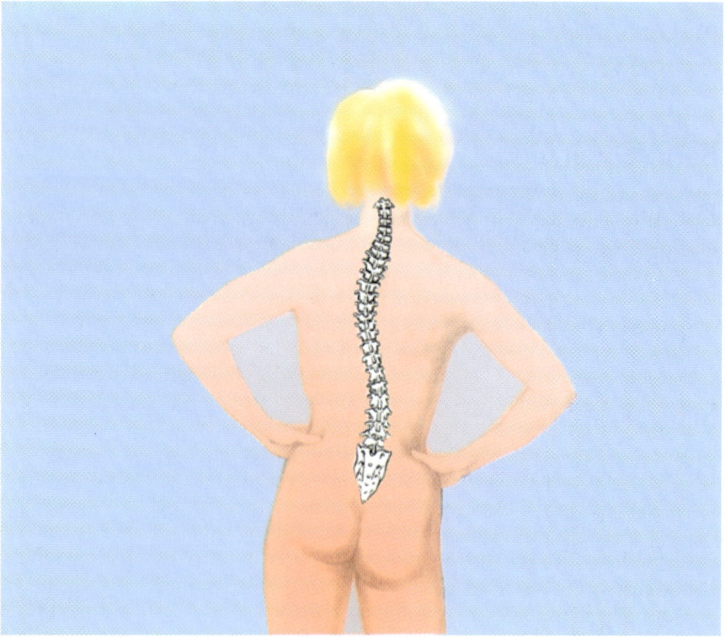

Wenn eine Skoliose beim Jugendlichen rechtzeitig erkannt wird, ist eine spezielle Rückengymnastik äußerst wirkungsvoll. Beschwerden treten dann auch später meist nicht mehr auf.

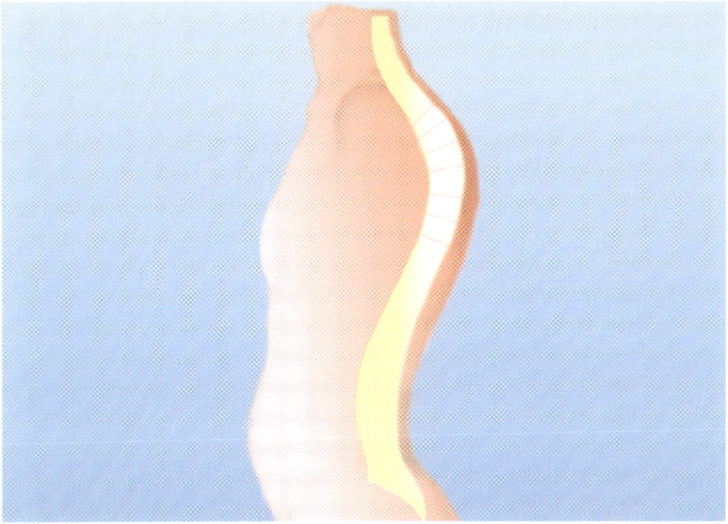

Die Scheuermannsche Krankheit ist eine Wachstumsstörung an der Wirbelkörper-Bandscheiben-Grenze, meist der Brustwirbelsäule. Sie ist die häufigste Wirbelsäulenerkrankung im Jugendalter und ist an einer charakteristischen keilförmigen Deformierung der Wirbelkörper zu erkennen.

Die Verkrümmung ist beim Jugendlichen meist schmerzfrei. Probleme gibt es oft im Alter, wenn sich die Wirbelkörper gegeneinander verschieben. Deshalb ist es bei sehr ausgeprägten Skoliosen sinnvoll, die Wirbelsäule schon früh operativ zu versteifen.

Bandscheibenentzündung (Diszitis)

Die Diszitis ist eine schmerzhafte Entzündung einer Bandscheibe im Bereich der Wirbelsäule. Die Krankheit kann als bakterielle Infektion, z. B. nach einer Bandscheibenoperation, auftreten.

Scheuermannsche Krankheit

Diese Krankheit äußert sich als anlagebedingte Verknöcherungsstörung der wachsenden Wirbel. Sie tritt meist zwischen dem 14. und 17. Lebensjahr auf, Jungen sind häufiger betroffen als Mädchen. Äußerlich erkennbar ist sie am starren Rundrücken.

TIP:
Achten Sie bei Ihren Kindern bereits im Vorschulalter auf eventuell sichtbare Verformungen der Wirbelsäule, oder lassen Sie sie von einem Kinderarzt beurteilen.

Bechterewsche Krankheit

Die Bechterewsche Krankheit wird auch als Morbus Bechterew oder als Spondylitis ankylosans bezeichnet. Sie beginnt meist schon in jungen Jahren und schreitet allmählich über Jahre fort.

Dies ist eine chronisch fortschreitende, rheumatisch-entzündliche Erkrankung, von der überwiegend Männer betroffen sind (Krankheitsbeginn meist zwischen 20. und 40. Lebensjahr). Im Endstadium kommt es zu einer Versteifung der Wirbelsäule, des Brustkorbes und gelegentlich der Hüftgelenke.

Wirbelgleiten (Spondylolisthesis)

Hört sich schlimmer an, als es ist. Eigentlich gleitet hier nichts. Ein Wirbel ist lediglich gegen den anderen versetzt, meistens am Übergang von der unteren Lendenwirbelsäule zum Kreuzbein. Viele Menschen haben ein Wirbelgleiten, ohne daß sie es wissen. Problematisch wird es, wenn die Betroffenen schwer heben oder tragen müssen. Dann nämlich wird's schmerzhaft.

Wirbelkanalverengung (Spinalstenose)

Die Nervenstrukturen im Wirbelkanal geraten bei einer Verengung unter Druck. Typisch für diese Krankheit sind Beinschmerzen, die sich beim Gehen verstärken und bei Gehpausen abnehmen. Sie äußert sich also ähnlich wie die berüchtigte »Schaufensterkrankheit« beim Raucherbein. Gelegentlich kommt es auch zu Mißempfindungen in den Füßen. Betroffen sind überwiegend ältere Menschen mit Abnutzungsveränderungen der Wirbelsäule.

Tumore der Wirbelsäule

Gut- oder bösartige Geschwülste können überall im Bereich der Wirbelsäule entstehen: an Knochen, Muskeln, Bändern, Gelenkhäuten oder im Rückenmark. Die Angst vor einer solch schweren, aber äußerst seltenen Erkrankung ist meist unbegründet. Man unterscheidet zwischen Primärtumoren, die direkt in der Wirbelsäule entstehen, und Tochtergeschwülsten oder Metastasen. Diese gehen auf einen Tumor in anderen Körperbereichen (z. B. Prostata, Brust, Lunge, Schilddrüse) zurück.

Wie Sie Schmerzen richtig einordnen

Muskelverspannungen oder -verdickungen

Der Patient klagt über mehr oder weniger heftiges Ziehen im Rückenbereich, ohne daß die Beweglichkeit der Wirbelsäule wesentlich eingeschränkt ist.

Blockierungen von Wirbelgelenken

Der Schmerz erwischt den Menschen jäh und unerwartet: beim Anheben eines schweren Koffers, bei einer ruckartigen Drehbewegung, unter der Dusche beim Bücken nach einem Stück Seife.

Der Patient kommt in steifer Haltung und unter großen Schmerzen ins Behandlungszimmer. Oftmals verbirgt sich hinter diesen Beschwerden aber auch ein Bandscheibenvorfall, der nicht auf die Nervenwurzeln drückt.

Bandscheibenvorfall

Wenn die Schmerzen in Arme oder Beine ausstrahlen, muß mit einem Bandscheibenvorfall gerechnet werden, insbesondere dann, wenn Sie zusätzlich ein taubes Gefühl an bestimmten Stellen der Hände oder Füße haben. Weiterhin besteht der Verdacht auf einen Vorfall, wenn sich die Schmerzen beim Husten, Niesen oder Pressen verstärken oder wenn eine starke Fehlhaltung im Lendenwirbelsäulenbereich besteht.

Knochenbruch, Entzündung oder Tumor

Der Patient klagt über dumpfen, bohrenden Knochenschmerz, der sich beim Abklopfen noch verstärkt. Weitere Symptome sind nächtliches Schwitzen, Gewichtsverlust, Erschöpfung.

Hinter Schmerzen im Rücken können sich viele verschiedene Ursachen verbergen. Die nebenstehende Zuordnung stellt nur eine Hilfestellung für die erste Einordnung Ihrer Schmerzen dar.

Das Kreuz und die Seele

Jeder kennt die Redensarten: »Er hat schwer zu tragen.« – »Uns drückt etwas.« – »Ihm sitzt die Angst im Nacken.« – »Er läßt die Schultern hängen.« – »Jemandem wird etwas aufgebürdet.« – »Man hat ihm das Rückgrat gebrochen.«
Was hier im übertragenen Sinne angesprochen wird, hat tatsächlich Auswirkungen auf unser Kreuz: Streß, Arbeitsüberlastung, Kummer, Ängste oder Depressionen können den Menschen regelrecht zusammenpressen und zu Schmerzzuständen führen. Kein Körperteil ist vor der Seele sicher. In jeder Körperregion kann man ausschließlich seelisch bedingte Schmerzen haben.

Tip:
Die Kassen übernehmen die Kosten im Rahmen einer psychotherapeutischen Behandlung. Informationen, wer Gesprächstherapien anbietet, erhalten Sie in Arztpraxen, Ehe- und Familienberatungsstellen, bei psychotherapeutischen Vereinigungen und bei Einrichtungen der Erwachsenenbildung.

Wenn seelische Last das Rückgrat krümmt…

Sehr häufig ist eine seelische Schieflage erster Auslöser von Rückenproblemen. Viele Menschen »erwischt« der Hexenschuß oder der Bandscheibenvorfall just zu einem Zeitpunkt, wenn sie einen seelischen Durchhänger haben. Die Scheidung, der Tod eines nahen Menschen, plötzliche Arbeitslosigkeit, Probleme mit der Sexualität, das alles kann kreuzgefährliche Auswirkungen haben. Wer ständig psychisch unter Druck steht, verkrampft sich, die verhärteten Muskeln werden schlechter durchblutet. Auf die dadurch entstehenden Schmerzen reagiert der Leidende mit einer Fehlhaltung, welche die Pein noch verschlimmert.
Ein wahrer Teufelskreis!

Nicht nur die Symptome kurieren

Schmerzstillende oder entzündungshemmende Medikamente nutzen hier wenig. Langfristig hilft nur eine Änderung der Lebensführung. Die seelischen Probleme müssen erkannt und beseitigt werden, am besten mit Hilfe von Nervenärzten oder anderen Medizinern, die sich speziell mit der Psyche beschäftigen.

Sehr schnell werden durch die Verkrampfung bei Rückenschmerzen auch andere Körperpartien in Mitleidenschaft gezogen. Viele Kopfschmerzen rühren z.B. von einer Verspannung der Halswirbel her.

Hilfe bei chronischen Schmerzen

Viele Patienten leiden an unerträglichen Rückenschmerzen. Sie können an nichts anderes denken. Das Leben macht ihnen keinen Spaß mehr. Sie schlucken Unmengen von Schmerztabletten, ziehen sich von Freunden und Bekannten zurück und sind in ihrem Beruf nicht mehr leistungsfähig.
Solche Schmerzpatienten sind die Stiefkinder in unserem Gesundheitssystem, sie werden von einem Arzt zum anderen geschickt und finden dennoch keine wirksame Hilfe. Allein in Deutschland bringen sich jährlich 2000 bis 3000 Menschen wegen unerträglicher Schmerzen um. Doch Sie können und müssen etwas gegen Ihre Schmerzen tun, wenn der Orthopäde oder Neurologe nicht weiterweiß.

Glücklicherweise ist die Schmerzforschung heute bereits soweit fortgeschritten, daß auch den Patienten mit schwersten chronischen Schmerzen geholfen werden kann.

Man muß nicht mit jedem Schmerz im Rücken gleich zum Arzt. Sind aber die Schmerzen sehr heftig oder kommen weitere Symptome hinzu, müssen Sie doch den Gang zum Orthopäden antreten.

Checkliste

Klar, daß man nicht bei jeder Kleinigkeit zum Arzt geht. Das müssen Sie in der Regel auch bei Rückenschmerzen nicht.
Doch wenn Sie eine der folgenden zehn Fragen mit Ja beantworten, sollten Sie unbedingt einen Arzt aufsuchen:

1

Konzentrieren sich die Schmerzen nicht auf den Rücken, sondern strahlen sie in Arme und Beine aus?

2

Fehlt Ihnen die Kraft, sich mühelos auf die Zehen oder die Hacke zu stellen?

3

Haben Sie an Beinen oder Armen taube Stellen, an denen Sie kein oder nur wenig Gefühl empfinden?

4

Haben Sie seit dem Auftreten der Rückenschmerzen Störungen (Verhaltung, Verstopfung, spontaner Abgang) beim Wasserlassen oder Stuhlgang?

5

Verspüren Sie zwei Tage nach einem Hexenschuß immer noch Schmerzen, die weder im Liegen noch in einer anderen Stellung nachlassen?

6

Verschlimmern sich die Rückenschmerzen beim Husten, Niesen oder Pressen?

7

Treten die Rückenschmerzen ohne erkennbare Ursache auf, also z. B. nicht nach einer körperlichen Anstrengung?

8

Sind die Schmerzen erstmals nach einem Unfall aufgetreten?

9

Treten die Schmerzen mit Schwitzen, Fieber, Erschöpfung oder Gewichtsverlust auf?

10

Sind die Schmerzen sehr heftig?

Natürliche Therapien bei Rückenschmerzen

Sanfte Heilmethoden

Akupunktur

Vor nicht allzu langer Zeit hatte Akupunktur, die fernöstliche Nadelkunst, hierzulande den Beigeschmack der Quacksalberei. Das hat sich grundlegend geändert. Inzwischen empfehlen auch Schulmediziner gerade bei Rückenschmerzen diese älteste uns bekannte Therapieform. Sie wurde in China bereits vor 3000 Jahren unter der Bezeichnung »Tsen-Tsiu« (zu deutsch »Nadeln und moxen«; moxen = abbrennen von Kräutern auf der Haut) praktiziert. Bei dieser Stich-Brenn-Behandlung wurden nicht nur Nadeln in bestimmte Hautpunkte gestochen, sondern auch kleine Brennkegel aus Beifuß auf dem Körper angezündet. Beides diente der Reizung von Akupunkturpunkten.

Die Meridiane

Die traditionelle chinesische Medizin kennt einige hundert genau festgelegte Hautpunkte, die durch gedankliche Linien (sogenannte Meridiane) miteinander verbunden werden. Die alten Chinesen stellten sich vor, daß in diesen Meridianen die Lebensenergie zirkuliert. Jeder der insgesamt 14 Meridiane trägt den Namen des Organs, zu dem er in Beziehung steht (z. B. Lebermeridian, Herzmeridian).

Bereits vor 200 Jahren wurde die Akupunktur westlichen Ärzten vorgestellt, die aber nur darüber lachten; auch heute sind immer noch einige skeptisch. Inzwischen haben aber viele Schulmediziner erkannt, wie wertvoll diese Form der Behandlung ist.

Die Nadeln bleiben meist 10 bis 30 Minuten im Körper. 10 bis 20 Sitzungen, ein- bis dreimal pro Woche, sind erforderlich.

Auch heute noch ist die Akupunktur häufig mit fernöstlichem Gedankengut befrachtet, das aber im Westen weitgehend auf Unverständnis stößt. Für den Heilerfolg spielt das exotische Beiwerk keine Rolle. Fest steht: Akupunktur hilft auch, wenn sie frei ist von philosophischen Erklärungen und uns fremden Diagnoseverfahren.

Behandlung

Voraussetzung bei der Akupunktur: Es werden nur gestörte – und nicht zerstörte – Körperteile behandelt. Das heißt: Ein Schmerzkreislauf kann mit Akupunktur unterbrochen werden – ein zerstörtes Organ (Krebs) ist kein Fall für die Nadel! Verantwortliche Akupunkturärzte stellen deshalb zunächst eine genaue Diagnose, bevor sie mit dem Piksen beginnen.

Wie die Akupunktur genau wirkt, liegt immer noch im dunkeln. Ob die Schmerzlinderung durch Endomorphine (körpereigene Stoffe) eintritt oder durch die Unterdrückung von Schmerzreizen, ist wissenschaftlich noch nicht restlos geklärt. Sei's drum: Die Erfolge der Nadelkunst sind oftmals verblüffend!

Vorteile und Nachteile der Akupunktur

Vorteile

- Bei sachgemäßer Anwendung werden fast keine Nebenwirkungen verursacht
- Gut wirksam bei allen Formen von Rückenbeschwerden, die mit Verspannungen im Zusammenhang stehen

Nachteile

- Muß privat gezahlt werden (Kassen übernehmen die Kosten nur in Ausnahmefällen)
- Setzt Geduld voraus, da die Wirkung meist nicht sofort eintritt (mehrere Behandlungen sind erforderlich)
- Einstich relativ schmerzfrei, da die biegsamen Stahlnadeln sehr dünn sind (zwischen zwei und vier Zehntel Millimeter); schmerzhaft dagegen das Stimulieren der Akupunkturpunkte (hier dreht der Behandelnde die Nadeln mit dem Finger)

Was zu beachten ist

1
Die schmerzlindernde Wirkung kann schwerwiegende Krankheitsbilder verschleiern. Daher ist vorher eine ärztliche Abklärung der Beschwerden unbedingt notwendig.

2
Es dürfen nur Einmalnadeln benutzt werden (Gefahr der Erkrankung an Aids oder Hepatitis).

3
»Akupunktur« ist keine geschützte Bezeichnung. Das Diplom einer Akupunkturgesellschaft sollte vorhanden sein. Tiefe Stichtechnik nur vom Arzt (es gibt Nadeln bis zu 20 Zentimeter Länge!) durchführen lassen.

Ohrakupunktur

Nicht die alten Chinesen, sondern der französische Arzt Paul F. M. Nogier ist der Vater der heutigen Ohrakupunktur. Dr. Nogier hatte in den fünfziger Jahren bei seinen Rückenschmerzpatienten bemerkt, daß sie immer an der gleichen Stelle des Ohres eine Brandwunde aufwiesen. Die Männer und Frauen erzählten ihm, daß sie sich die Wunden mit brennenden Nadeln absichtlich zufügten, um damit ihre Rückenschmerzen zu lindern. Bei näheren Studien entdeckte Dr. Nogier, daß das menschliche Ohr einen auf den Kopf gestellten Embryo widerspiegelt. Die Stelle, die dem Rücken entspricht, mußte nur genadelt werden – schon waren die Schmerzen weg.

Die Ohrakupunktur hat den Nachteil, daß die Schmerzlinderung meist nur von kurzer Dauer ist. Man kann zwar sogenannte Dauernadeln in das Ohr einsetzen, trotzdem ist der Erfolg nur mäßig. Außerdem entstehen im Ohrbereich schneller Entzündungen. In Extremfällen haben sich schon ganze Ohrknorpel aufgelöst.

Die Erfolge, die mit der Ohrakupunktur gerade bei akuten Schmerzzuständen wie dem Hexenschuß erzielt werden können, sind manchmal wirklich verblüffend.

Der behandelnde Arzt oder Therapeut muß seine Handgriffe absolut beherrschen. Bei falscher Anwendung kann die Chirotherapie mehr schaden als nützen.

Manuelle Therapie (Chirotherapie)

Immer mehr Ärzte bieten heute als Alternative zu den herkömmlichen, schulmedizinischen Behandlungsmethoden auch eine Chirotherapie bei Rückenschmerzen an.

Davon träumen alle Rückenpatienten: Der Arzt drückt und zieht ein wenig an den Gelenken, und schon ist man von allen Schmerzen befreit.

Tatsächlich gelingt Chirotherapeuten hin und wieder dieses »Wunder«, doch auch diese Methode hat ihre natürlichen Grenzen. Meist können die Gliederreißer oder Ziehleute, wie diese Heilkundigen früher genannt wurden, dann helfen, wenn die Beweglichkeit des Rückens und der Glieder eingeschränkt ist. Auch Kopfschmerzen, die von der Halswirbelsäule ausgehen, können so geheilt werden.

Chirotherapie wird oft mit Einrenken verwechselt. Ein Irrtum: Mit dem Knacken, das man oft unangenehm laut vernehmen kann, rastet nicht etwa ein verschobener Wirbel wieder in die richtige Position, sondern es wird lediglich eine gestörte Gelenkfunktion wieder hergestellt.

Das »Knochensetzen« – eine alte Kunst

Im Prinzip wird die Chirotherapie seit Jahrhunderten angewendet; in fast allen Völkern und Kulturen gab es kundige Menschen, die durch Handgriffe Beschwerden an Wirbelsäule und Gliedmaßen zu lindern oder gar zu beheben vermochten.

Seit 1874 wissenschaftlich

Seltsamerweise ging die Schulmedizin lange an der »Kunst des Knochensetzens« achtlos vorbei. Erst im Jahr 1874 gründete der Arzt Andrew Tailor Still in Kirksville (USA) eine Schule, an der u. a. Chirotherapie wissenschaftlich gelehrt wurde. Erfolgreiche Absolventen durften sich mit dem Titel »Doktor der Osteopathie« (Bezeichnung für Knochenerkrankungen) schmücken.
In Deutschland wird die manuelle Medizin in Kursen von medizinischen Gesellschaften gelehrt, seit 1979 gibt es bei uns die Zusatzbezeichnung »Arzt für Chirotherapie«. Aber auch Heilpraktiker und Krankengymnasten dürfen bestimmte Techniken ausführen.

Vorsicht:
Chirotherapeutische Anwendungen können gefährlich sein, wenn die Diagnose nicht stimmt! Deshalb dürfen die sogenannten Manipulationen nur nach Röntgenuntersuchungen vorgenommen werden.

Behandlungstechniken

Manipulation

Nach dieser Methode wird am meisten behandelt. Mit einem sanften Ruck, den der Patient kaum spüren sollte, gibt der Therapeut einen raschen Impuls an das Gelenk ab. Auf diese Weise werden schmerzhafte Blockaden gelöst. Erschrecken Sie nicht, wenn man dabei ein Knacken hört – das ist für diese Technik charakteristisch.

Übrigens: Auch das Knacken beim Auseinanderziehen der Fingergelenke stellt im Sprachgebrauch der Chirotherapie eine Manipulation dar.

Vorteile und Nachteile der Chirotherapie

Vorteile
- Wirkt schnell; Schmerzlinderung oft schon nach ein, zwei Behandlungen
- Ärztliche Behandlungskosten werden von den Kassen übernommen
- Wird von den meisten Orthopäden beherrscht
- Besonders wirksam bei schmerzhaften Bewegungseinschränkungen

Nachteile
- Erfordert vom Behandelnden ausgesprochen viel »Fingerspitzengefühl«. Ein sehr grobes Vorgehen kann also im Endeffekt sogar mehr schaden als nützen
- Kann Bandscheibenvorfälle verschlimmern
- Bei falscher Anwendung sind u. a. Schäden an der Halswirbelsäule möglich (bei Vorschäden bis zu Knochenbrüchen)

Tip:
Wenn Sie sich an den Zeitpunkt erinnern können, an dem die Schmerzen begonnen haben, oder gar an den Mechanismus , der zu den Schmerzen führte, kann das dem Therapeuten wertvolle Hinweise für die Behandlung geben.

Mobilisation

Bei der Mobilisation wird die gestörte Gelenkfunktion (wenn z. B. der Arm »klemmt«) durch eine »weiche« Technik wiederhergestellt.

Der Chirotherapeut nutzt dabei die Erschlaffungsphasen der Muskeln, um den Gelenken mit sanften Bewegungen mehr »Spielraum« zu verschaffen. Diese Methode ist schonender, aber auch wesentlich zeitaufwendiger als die Manipulation.

Strecken

Böse Zungen behaupten, die Chirurgen hätten ihr Handwerk von den Friseuren gelernt, die Orthopäden von den Folterknechten des Mittelalters.

Ob Sie sich diesem wenig schmeichelhaften Urteil anschließen wollen, bleibt aber Ihren persönlichen Erfahrungen überlassen. Wir hoffen jedenfalls, daß Sie keinen Grund dazu haben. Tatsächlich gibt es aber eine Behandlungsmethode, die sehr stark an eine mittelalterliche Folter erinnert: das Strecken. Allerdings wollen die neuzeitlichen »Folterknechte« ihren »Opfern« kein Geständnis abringen, sondern ihnen etwas Gutes antun.

Behandlung

Vornehmlich bei vorgewölbten Bandscheiben kann man mit dem Strecken eine Schmerzlinderung erreichen. Die geschädigte oder gereizte Nervenwurzel wird entlastet. Entweder zieht der Orthopäde kräftig mit den Händen am Oberschenkel (niemals an den Füßen, da sonst vor allem die Knie und nicht die Lendenwirbelsäule gelockert wird). Weil dies jedoch bei großen und schweren Menschen recht mühselig ist, verrichtet diese Arbeit in der Regel ein »Streckapparat«. Mit Modellen jüngerer Bauart kann ein sanftes, rhythmisches Ziehen mit Mikrowellenbestrahlung kombiniert werden.

Vorsicht bei der Halswirbelsäule

Während an der Lendenwirbelsäule (LWS) meist ein positiver Entspannungseffekt erzielt werden kann, ist bei der Halswirbelsäule (HWS) größte Vorsicht geboten. Viele Schmerzen in diesem empfindlichen Bereich des Körpers entstehen nämlich nicht durch Minder-, sondern im Gegenteil durch Überbeweglichkeit, die durch das Auseinanderziehen noch gefördert wird. Vorsicht auch deshalb, weil die Halswirbel nicht so gut durch Bänder und Muskulatur geschützt sind wie die Lendenwirbel.

Dennoch: Mit einem feinen Händchen – statt mit dem Gerät – können geschickte Orthopäden oder Krankengymnasten auch an der HWS ein kleines »Wunder« vollbringen.

Vor jeder Streckbehandlung sollte der Arzt dafür Sorge tragen und sicherstellen, daß eine Lockerung der Wirbelsäule ausgeschlossen ist.

Vorteile und Nachteile des Streckens

Vorteile

- Kann fast in jeder orthopädischen oder krankengymnastischen Praxis vorgenommen werden
- Gut kombinierbar mit Wärmeanwendungen (Mikrowelle)
- Wohltuende Entlastung bei Bandscheibenvorfällen im Lendenwirbelsäulenbereich

Nachteile

- Bei unsachgemäßer Behandlung können sich unter Umständen Wirbel lockern und Schmerzen bereiten

Elektrotherapie und TENS

Bei der Elektrotherapie handelt es sich um eine relativ junge Heilmethode. Dennoch hat sich diese Therapie bei der Behandlung von Rückenschmerzen einen festen Platz erobert. Eingesetzt werden Gleich- und Wechselströme, aber auch der Einsatz von Ultraschall gehört im weitesten Sinne zur Elektrotherapie.

Wichtig:
In der Schwangerschaft ist große Vorsicht geboten. Elektrotherapie darf nicht angewendet werden, wenn im behandelten Körperteil Metallteile stecken.

Stangerbad

Eine besonders wirksame Behandlungsform ist das Stangerbad, das bei vielen Patienten zunächst Angst auslöst, weil nämlich Strom mit Wasser kombiniert wird.
Die ersten, die dieses Wagnis eingingen, waren die Gerbermeister Johann und Heinrich Stanger aus Ulm, die in der zweiten Hälfte des 19. Jahrhunderts mit sogenannten galvanischen Strömen experimentierten. Weil man die Technik im Laufe der Jahrzehnte immer weiter verfeinert hat, kann das Stangerbad speziell bei Entzündungen und Nervenwurzelreizungen sehr gut helfen.
Der Patient setzt sich in eine Spezialbadewanne mit warmem Wasser und bestimmten Badezusätzen. Etwa eine halbe Stunde wird er dann mit Gleichstrom durchflutet. Den elektrischen Strom empfindet man dabei als angenehmes, nicht schmerzhaftes Kribbeln. Die Durchblutung wird gefördert, die Reizschwelle für Schmerzen erhöht. Stangerbäder sind allerdings nicht für Menschen geeignet, die Metallteile im Körper tragen (Herzschrittmacher, Schrauben, Granatsplitter etc.).

Wichtig:
Allergien gegen bestimmte Medikamente müssen bei der Iontophorese unbedingt berücksichtigt werden.

Iontophorese

Eine interessante Variante der Gleichstromtherapie ist die Iontophorese, die bei besonders hartnäckigen Schmerzen Linderung verspricht. Dem Patienten werden in diesem Fall

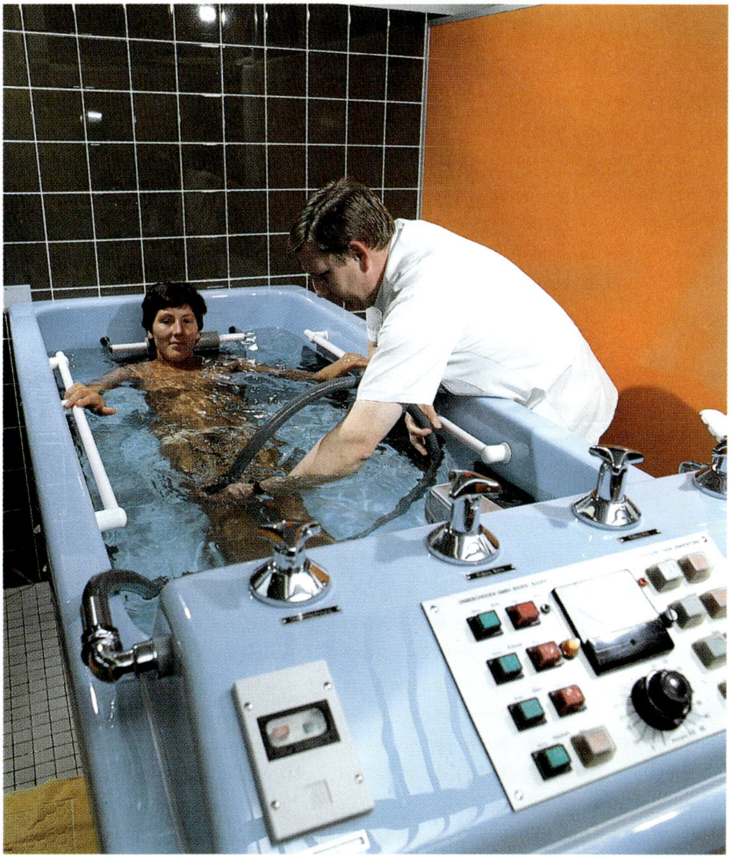

Größere Massagepraxen bieten teilweise Stangerbäder an. Das warme Wasser in der speziell entwickelten Badewanne dient der Muskelentspannung, die Stromzufuhr sorgt für bessere Durchblutung.

verschiedene Medikamente auf die Haut »gepflanzt«, darüber wird eine Elektrode geklebt. Der elektrische Strom sorgt nun dafür, daß das Präparat in besonders tiefe Gewebeschichten transportiert wird und den Schmerz direkt »angreift«.
Ein guter Therapeut wird bei der Behandlung mit Gleichstrom darauf achten, daß die Spannung nicht zu hoch eingestellt ist, da es relativ leicht zu Verbrennungen kommen kann. Bei der Iontophorese kann das passieren, wenn die Metallfläche der Elektrode, über die der Strom in den Körper geleitet wird, zu klein ist.

WICHTIG:
Fragen Sie Ihren Arzt gezielt nach einer Interferenzstrombehandlung, die sehr gut wirkt, ohne daß dabei eine wesentliche Hautreizung auftritt.

Diese Gefahr besteht bei Wechselströmen weit weniger. Sehr gute Erfahrungen haben Ärzte mit einer Kombination aus Gleich- und Wechselstrom gemacht. Man erzielt damit eine Stromform, die besonders schmerzlindernd wirkt (der Fachmann spricht hier von diadynamischen Strömen).

Ultraschall

Die Ultraschalltherapie wird sehr häufig bei Sportverletzungen oder Überlastungs- bzw. Reizzuständen von Gelenken – z.B. beim sogenannten Tennisellbogen – eingesetzt.

Bei der bereits erwähnten Ultraschalltherapie stellt sich der heilende Effekt durch mechanische Schwingungen ein (sie wird übrigens nur deswegen zur Elektrotherapie gezählt, weil diese Schwingungen mit elektrischen Geräten erzeugt werden).

Den Ultraschall muß man sich wie eine Art Massage vorstellen, die auf einen ganz bestimmten Körperbereich zielt: die schmerzhaften Übergänge von Sehnen und Knochen.

Sie wird nur selten im Bereich der Wirbelsäule eingesetzt, dort meist speziell bei Muskelverhärtungen oder Bänderschmerzen.

Elektrische Nervenstimulation (TENS)

Um den Schmerzpatienten den Gang in die Praxis zu ersparen, haben aufgeweckte Techniker ein kleines, tragbares Gerät entwickelt, das man ständig mit sich führen kann: das TENS-Gerät (abgeleitet von transkutane elektrische Nervenstimulation).

Dieses Gerät ist nicht viel größer als eine Zigarettenschachtel. Man kann es bequem in die Tasche stecken und bei Bedarf an- und ausknipsen. Ein dünnes Kabel verbindet den Miniakku mit kleinen, auf der Haut angelegten Elektroden, die schwache Impulse in das Schmerzgebiet senden.

Entweder werden mit sehr schnellen, schwingenden Strömen Nerven oder Nervenknoten gereizt, die dem Menschen Pein bereiten, oder man erzielt mit langsam schwingenden

Vorteile und Nachteile der Elektrotherapie

VORTEILE
- **Gute schmerzlindernde und durchblutungsfördernde Wirkung, auch in tieferen Gewebeschichten**
- **Elektrotherapie kann in den meisten orthopädischen und anderen Praxen angewendet werden**
- **Bei richtiger Anwendung treten so gut wie keine Nebenwirkungen auf**
- **Wird von den Kassen bezahlt**

NACHTEILE
- **Häufiger Praxisbesuch erforderlich (außer beim TENS-Gerät)**
- **Problematisch bei Hauterkrankungen und -verletzungen**

Strömen eine Art Akupunkturwirkung. Häufig wird TENS verordnet, wenn Nervenknoten stimuliert werden sollen, die einem ganzen Körperbezirk Schmerzen bereiten.
Besonders Ärzte, die auf die Behandlung von chronischen Schmerzen spezialisiert sind, haben das Tragegerät in ihrem Repertoire. In der Regel wird die Wirksamkeit zunächst dreimal in der Praxis getestet. Nur wenige Patienten springen sofort darauf an, die meisten verspüren oft nur ein angenehmes Kribbeln, ohne daß sich gleich am Schmerzzustand etwas ändert. Deshalb darf der Patient ein Leihgerät mit nach Hause nehmen und etwa einen Monat testen. Stellt sich tatsächlich eine Besserung ein, kann ein eigenes Gerät verschrieben werden.
Übrigens: Das Anlegen der Elektroden ist kinderleicht, die Ärzte sind beim Ausprobieren behilflich.

Krankengymnastik

In der Regel gehen – wohl besser, schleppen sich – die meisten Menschen erst dann zur Krankengymnastik, wenn ihr Rücken »revoltiert«. Besser wäre es natürlich, sich schon vorbeugend mit einigen Rückenübungen zu beschäftigen. Manche Bandscheibenoperation ließe sich dadurch vermeiden (Gymnastikanleitungen siehe Seite 73).

TIP:
Führen Sie die krankengymnastischen Übungen, die Ihnen Ihr Lehrmeister beibringt, später unbedingt auch zu Hause weiterhin regelmäßig durch. Ihr Rücken wird es Ihnen danken.

Vorteile und Nachteile der Krankengymnastik

Vorteile
- Kräftigt die Muskulatur, dehnt und streckt, löst Verhärtungen
- Greift direkt an verkürzten oder abgeschwächten Muskeln an
- Steigert das Gefühl für den eigenen Körper; damit positiver Einfluß auf die Lebenshaltung
- Bei richtiger Anwendung so gut wie keine Nebenwirkungen

Nachteile
- Sehr stark von der Motivation abhängig (sobald es dem Patienten bessergeht, verliert er die Lust an den zeitaufwendigen und mühsamen Übungen)

Von allen Therapien verlangt zwar Krankengymnastik vom Patienten die meiste Mithilfe, dafür ist sie aber eine der effektivsten. Sie kräftigt die Muskulatur, sorgt für ein besseres Zusammenspiel der Muskelgruppen, dehnt und streckt Strukturen, die sich zusammengezogen und verhärtet haben. Viele Menschen erleben bei der Krankengymnastik ein völlig neues Körpergefühl.
Krankengymnastik kann dabei mit Wärmetherapie, Elektrotherapie und Massagen ideal kombiniert werden. Im warmen Bewegungsbad gelingen durch den Auftrieb des Wassers viele Übungen leichter und flüssiger.

Krankengymnastik darf nicht übertrieben werden. Wenn starke Schmerzen auftreten, müssen Sie sofort abbrechen!

Massage

Keine andere Behandlung ist bei Rückenschmerzenpatienten so beliebt wie die Massage. Es gibt ja auch kaum Angenehmeres, als sich ganz den zupackenden Händen eines freundlichen Menschen hinzugeben. Kein Piksen, kein Quälen – man liegt entspannt auf dem Bauch und genießt ein halbes Stündchen, wie der Körper durchgewalkt wird.
Und tatsächlich: Allein durch das Gefühl der Behaglichkeit geht es uns nachher schon viel besser (besonders dann, wenn uns der Masseur oder die Masseurin sympathisch ist und noch einen Scherz auf Lager hat).

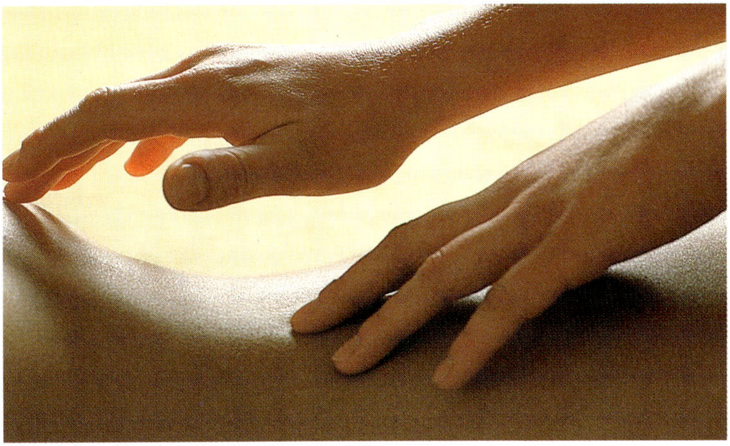

Massage für den Rücken muß nicht immer mit Kraft erfolgen. Auch eine Berührungstherapie, bei der der Rücken eher abgetastet wird, ist äußerst wirksam.

Aber auch ohne das ganze Drumherum kann Massage sehr wirkungsvoll sein, denn nur für unser Vergnügen würde keine Kasse einen Pfennig zahlen. Massage fördert die Durchblutung, verbessert die Spannung der Muskulatur und löst Verspannungen. Sogar erkrankte innere Organe können positiv beeinflußt werden, vornehmlich mit der Bindegewebsmassage (bestimmte Hautareale und Organe stehen schließlich miteinander in Beziehung).

Massagetechniken

- Die verschiedenen Massagetechniken reichen vom beruhigenden und entspannenden Streichen bis zum deutlich spürbaren Kneten, bei dem schräg und quer zum Muskelfaserverlauf der Muskel durchgearbeitet wird.
- Ebenso durchblutungsfördernd wie das Kneten ist die Reibung, bei der sich die Hände kleinflächig im Kreise bewegen.
- Das Klopfen und die vibrationsmäßigen Handkantenschläge sieht man zwar häufig in alten James-Bond-Filmen, als Heilwirkung hat diese Technik jedoch weniger Bedeutung.

TIP:
Lassen Sie sich vor der Massage mit Fangopackungen oder mit Heißluft behandeln.

Vorteile und Nachteile der Massage

Vorteile
- Angenehm, oft schnell schmerzlindernd, durchblutungsfördernd
- Angenehme psychische Nebeneffekte
- Richtig angewendet so gut wie ohne Nebenwirkungen
- Wird (noch) von den Kassen bezahlt

Nachteile
- Bei Hautverletzungen und Entzündungen nicht anwendbar
- Nur eingeschränkt möglich bei Schwangerschaft
- Bei sehr stark behaarten Patienten können alle Formen der Massage (natürlich nicht an der Fußsohle) mitunter recht schmerzhaft werden, wenn sich die Härchen zusammenknoten bzw. der Masseur an ihnen beim Durchwalken zieht

Wichtig:
Bei schweren Herz-Kreislauf-Erkrankungen, Entzündungen oder auch fieberhaften Erkrankungen ist äußerste Vorsicht geboten!

Von den diversen Spezialmassagen verdienen drei Techniken besondere Beachtung:

Deep-friction-Massage
Damit können – ähnlich wie bei der Ultraschallbehandlung – vor allem Sehnenknochenübergänge hervorragend behandelt werden.

Traditionelle chinesische Massage oder Tuinatherapie
Anders als bei der vielfach von Laien ausgeführten Akupressur oder auch Akupunkturmassage, die hauptsächlich nach dem »Dawos-Prinzip« (da wo's weh tut) funktioniert, setzt die traditionelle chinesische Massage eine vollständige Kenntnis der Akupunkturpunkte voraus. Und die liegen nun mal nicht unmittelbar im Schmerzbereich, sondern oft ganz woanders.

Fußreflexzonenmassage
Ihr Geheimnis ist ebenfalls die »Fernbedienung«. Die Verfechter dieser Technik gehen davon aus, daß der gesamte Körper sich an der Fußsohle widerspiegelt. Durch Druck auf verschiedene Punkte soll reflexartig auf den eigentlichen Körperteil eingewirkt werden.

Lagerung und Ruhigstellung

Wie bereits erwähnt, bekommen dem Rücken lange Ruhephasen nicht. Die Wirbelkörper bauen lebenswichtigen Kalk ab, an Bandscheiben treten risikoreiche Abnutzungsveränderungen auf.
Andererseits gibt es einige Befunde, die eine Ruhigstellung der Wirbelsäule unbedingt erforderlich machen. Das ist speziell immer dann der Fall, wenn eine akute Reizung im Bereich der Wirbelsäule vorliegt.

WICHTIG:
Keine Ruhigstellung über längere Zeit ohne Krankengymnastik.

Stufenlagerung

Stufenlagerung kann bei einem frischen Bandscheibenvorfall wesentlich zur Heilung beitragen. Der Patient liegt für längere Zeit in Rückenlage im Bett, während seine Beine auf einem Würfel ruhen. Haben Sie keinen Würfel, dann erfüllt ein umgelegter Stuhl den halben Zweck.
Wichtig ist dabei, daß Hüften und Knie rechtwinklig gebeugt sind. In dieser Position wird der Druck von der gereizten Nervenwurzel genommen. Viele Patienten sind nach einigen Wochen völlig beschwerdefrei und kommen um eine Operation herum.

Korsett und Bandage

Bei hochgradigen Verschleißerscheinungen, bei denen sich Wirbelkörper gegeneinander verschieben, wird gern ein Korsett verordnet. Die kranke Wirbelsäule kann damit ruhiggestellt werden, schmerzauslösende Überbeweglichkeiten werden vermindert. Das Tragen eines eng sitzenden, starren Korsetts macht verständlicherweise keinen Spaß, speziell bei hochsommerlichen Temperaturen.
Deswegen ist die Bereitschaft, eine leichtere Bandage zu tragen, erheblich größer.

WICHTIG:
Treten Druckstellen auf, müssen Sie sofort Ihrem Arzt Bescheid geben. Es besteht die Gefahr, daß sich offene Stellen bilden können.

Vorteile und Nachteile der Ruhigstellung

Vorteile
- Mindert Schmerzen
- Entlastet Nervenwurzeln
- Läßt Reizungen abklingen
- Wird von der Kasse bezahlt

Nachteile
- Muskulatur erschlafft bei langer Ruhigstellung
- Knochen- und Bandscheibenabbau drohen
- Stützmieder sind lästig, engen ein
- Druckstellen sind möglich
- Hygieneprobleme bei langem Tragen

Halskrause

Bei Zerrungen der Halswirbelsäule wird der verletzte Bereich zunächst mit einer Halskrause (Krawatte) ruhiggestellt. Auch bei einem Bandscheibenvorfall in diesem Bereich erreicht man damit eine Schmerzlinderung.

Bädertherapie

Die verschiedenen Formen der Hydrotherapie, d. h. der Behandlung im Wasser, wirken vorwiegend über das fast schwerelose Treiben im Wasser.

Für ihre Badekultur waren die alten Griechen und Römer berühmt. Ob sie ihre Blessuren nach diversen Feldzügen auskurieren oder eine lustvolle Orgie feiern wollten: Warmes Wasser gehörte unbedingt dazu. An vielen Ausgrabungsstätten kann man das ausgeklügelte System ihrer Badeanstalten noch heute bewundern.

Mineralthermalbäder

Auch wenn unsere Mineralthermalbäder heute vielleicht nicht mehr ganz so schick und pompös sind wie die der alten Imperatoren, erfüllen sie doch ihren Zweck. Der Heileffekt ist im Prinzip der gleiche geblieben: Wärmeübertragung und die physikalisch-chemische Wirkung der im Wasser gelösten Inhaltsstoffe haben einen entspannenden und durchblutungsfördernden Einfluß auf kranke Gelenke und Muskeln.

Vor allem aber gibt es für eine Bewegungstherapie kein besseres Element als warmes Wasser. Weil der Körper durch den Auftrieb des Wassers nur noch ein Zehntel seines Gewichts hat, lösen sich Verspannungen viel besser als an der Luft. Auch die schöne Umgebung und der streßfreie Kuraufenthalt tragen zur Gesundung (und zu einem aufrechten Gang) bei.

In Deutschland gibt es rund 340 Kurorte, die jährlich von über neun Millionen Gästen besucht werden. Über die Hälfte dieser Kurorte sind Mineral- und Moorheilbäder, die speziell bei Erkrankungen des Bewegungsapparats Schmerzlinderung versprechen. Das größte Bäderland ist Baden-Württemberg, das allein 34 Mineral- und/oder Moorheilbäder aufweisen kann.

In allen Kurorten und -kliniken wird ein ganzes Bündel an Behandlungen angeboten. Eine Bädertherapie sollten Rückenpatienten möglichst mit Kranken- und Unterwassergymnastik, Massagen und Fitneßtraining ergänzen.

TIP:
Falls Sie nicht einen Kurort zugeteilt bekommen, beschaffen Sie sich einen Überblick über das breitgefächerte Angebot. Suchen Sie sich ein Kurbad aus, das Ihnen besonders zusagt. Dann fragen Sie den Arzt oder die Krankenkasse, ob Sie die richtige Wahl getroffen haben.

Im Wasser trägt der Mensch nur noch einen Bruchteil seines eigenen Gewichts. Durch den Widerstand des Wassers sind die Körperbewegungen automatisch verlangsamt und daher besser koordiniert.

Wichig:
Bei Blutgerinnseln (Thrombosen) sind Bädertherapien nicht geeignet.

Vorteile und Nachteile der Bädertherapie

Vorteile
- **Schmerzlindernd bei Verspannungen im Rücken**
- **Regt Zellstoffwechsel an**
- **Gut für die Psyche**

Nachteile
- **Kann nicht bei entzündlichen Erkrankungen oder Hautverletzungen angewendet werden**

Spezielle Kurbäder

Schwefel, Moor, Sole, Radon – die Vielfalt an speziellen Bädern ist verwirrend. Welches Bad bei welchen Erkrankungen hilft, zeigt der folgende Überblick:

- Moorbäder: Bei rheumatischen Erkrankungen, Verletzungen des Bewegungsapparats und vielen Frauenleiden; wärmend.

- Schwefelbäder: Bei rheumatischen Erkrankungen, Gelenkschmerzen und Hautkrankheiten (Akne, Ekzeme, Psoriasis, Neurodermitis).

- Solebäder und Meeresbäder: Bei rheumatischen Erkrankungen, Hauterkrankungen (Akne, Entzündungen); positiver Einfluß auf das vegetative Nervensystem, durchblutungsanregend.

- Radonbäder: Bei entzündlichen, degenerativen Erkrankungen der Wirbelsäule und Gelenke, speziell bei der Bechterewschen Erkrankung.

- Kohlensäurebäder: Bei chronischer Venenschwäche und bei arteriellem Bluthochdruck; durchblutungsfördernde Wirkung.

Moor wird hauptsächlich zur Wärmetherapie benutzt. Die gleichmäßige intensive Wärme lockert Muskeln und Gelenke und aktiviert den Stoffwechsel. Als entscheidender Wirkstoff gilt die Huminsäure, der vor allem entzündungshemmende Eigenschaften nachgesagt werden.

Behandlung mit Wärme und Kälte (Thermotherapie)

Die Thermotherapie ist aus der Bädertherapie hervorgegangen. Die Wärme weitet die Blutgefäße, fördert somit die Durchblutung und sorgt für eine Entspannung der Muskeln.

Rotlicht

Rotlicht verbreitet behagliche Wärme, wirkt aber nur oberflächlich. Zur Behandlung von Hexenschuß bindet man am besten ein nasses, warmes Handtuch um den unteren Rücken und setzt sich im Abstand von ca. einem halben Meter vor die Rotlichtlampe.

Wichtig:
Besonders wenn Sie an Herz-Kreislauf-Erkrankungen leiden, sollten Sie vor den Anwendungen den Hausarzt fragen.

Heißluft

Heißluft eignet sich gut zur Vorbereitung der Massage, wenn andere Wärmeanwendungen nicht vertragen werden. Sonst ist kein nennenswerter Effekt bekannt.

Fangopackungen

Fango kommt aus dem Italienischen und bedeutet Schmutz, Schlamm. Er wird als feinpulverisierte Masse aus heißen Seen vulkanischen Ursprungs gewonnen. Der Originalfango in den norditalienischen Kurorten Abano und Montegrotto durchläuft einen mehrjährigen Reifeprozeß und enthält besondere pflanzliche und mineralische Stoffe. Meist wird der ganze Körper mit dem dunkelbraunen, nach Schwefel riechenden Schlamm eingeschmiert. Eine Fangotherapie dauert normalerweise 14 bis 30 Tage, sie ist besonders wirksam bei Rheuma, Verschleißerscheinungen an Gelenken, Nervenschmerzen und Muskelbeschwerden. Viele Leistungssportler werden zur Behandlung ihrer Sportverletzungen von ihren Klubs in die Heilbäder geschickt.

Kurz- und Mikrowelle

Achtung:
Eine Behandlung mit Kurz- oder Mikrowellen ist nicht für Menschen mit Herzschrittmacher geeignet.

Kurz- und Mikrowelle ist eine besonders intensive Form der Wärmetherapie, die – anders als Rotlicht – nicht nur die Haut erwärmt, sondern in tiefe Gewebeschichten eindringt. Sie hilft sehr gut bei Muskelverspannungen.

Heiße Rolle

Die heiße Rolle wird vornehmlich als Vorbereitung zur Krankengymnastik eingesetzt. Mehrere Tücher werden übereinandergelegt, zusammengerollt und mit kochendheißem Wasser übergossen. Der Behandelnde drückt die Rolle, die Wärme lange speichern kann, gezielt auf die verspannten Muskelpartien.

Kälteanwendungen

Bei Überdehnungen, arthritischen Reizungen der Gelenke und bei Nervenentzündungen sind kalte Packungen oder Abreibungen mit Eiswürfeln wirksam.

Vorteile und Nachteile der Thermotherapie

Vorteile

- **Schmerzlinderung**
- **Entspannung der Muskulatur**
- **Bessere Durchblutung**
- **Bei Rotlicht und Kurz- oder Mikrowelle gute Tiefenwirkung**

Nachteile

- **Besonders wirksame Packungen aus Naturfango, Meeresschlick oder Moor sind nur »vor Ort« erhältlich**
- **Entzündliche Zustände können sich bei der Wärmetherapie verstärken, nicht anwendbar bei Wunden im Behandlungsbereich**
- **Kurz- und Mikrowelle nicht für Menschen mit Herzschrittmacher oder Metallen im Körper**

Therapeutische Lokalanästhesie (TLA) / Neuraltherapie

Der Erfinder der Neuraltherapie ist der Arzt Dr. Ferdinand Huneke. Er spritzte 1925 einer Migränepatientin versehentlich ein örtliches Betäubungsmittel in den Blutkreislauf statt in den Muskel. Innerhalb von Sekunden war die Frau ihre Kopfschmerzen los. Huneke führte die Blitzheilung auf das Betäubungsmittel Procain zurück, das in der Lösung enthalten war. Aus diesem Aha-Erlebnis entwickelte Huneke seine Theorie vom Sekundenphänomen: Spritzt man sogenannte Herde im Körper an – z. B. vernarbte Rachenmandeln –, werden Beschwerden ausgeschaltet, die ihre Ursache in einem ganz anderen Körperteil haben.
Weil sich die Erfolge allerdings sehr in Grenzen hielten, wird die klassische Neuraltherapie nach Huneke von Ärzten nur noch selten praktiziert.

Es bedarf oftmals erst eines Versehens, in diesem Fall eines Behandlungsfehlers, um einen neuen Therapieansatz zu entdecken.

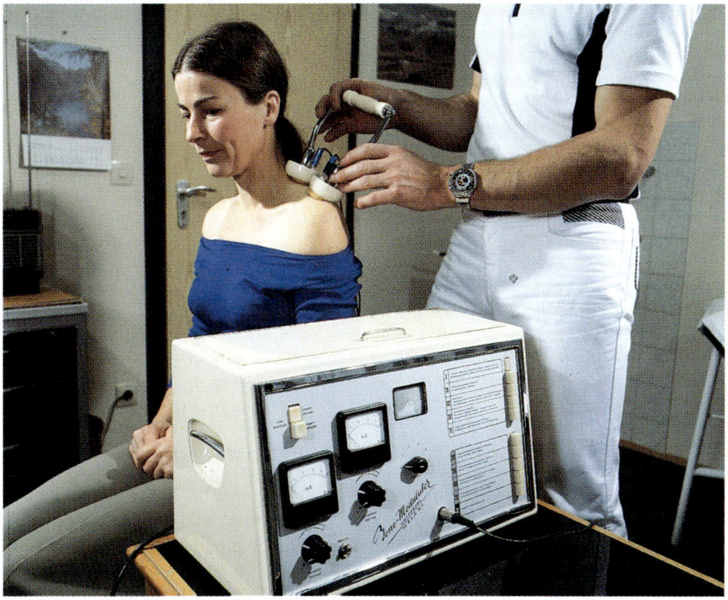

Eine Form der Elektrotherapie ist die Kurzwellenbestrahlung. Die Wellen des elektrischen Stroms dringen dabei durch die Hautoberfläche in das Gewebe und die Muskeln ein.

Lokale Injektion

Tip:
Fragen Sie Ihren Arzt, welches örtliche Betäubungsmittel er spritzt. Procain wird wegen der Auslösung allergischer Reaktionen nicht mehr benutzt. Die Medikamente der neuen Generation sind erheblich verträglicher.

Dafür hat sich die therapeutische Lokalanästhesie (TLA) zum Segen für viele Schmerzpatienten entwickelt. Sie wird häufig mit der Neuraltherapie gleichgesetzt, weil in beiden Fällen mit einem Betäubungsmittel behandelt wird. Doch anders als bei dem Verfahren nach Huneke spritzt der Behandelnde bei der TLA das Mittel direkt in einen klar erkennbaren Bezirk, der die Schmerzen auslöst.
Drückt beispielsweise eine vorgewölbte Bandscheibe auf eine Nervenwurzel im Rücken und löst damit Ischiasschmerzen im Bein aus, spritzt der Arzt ein örtliches Betäubungsmittel an die gequetschte Nervenwurzel. Die Nervenwurzel wird dadurch für mehrere Stunden »lahmgelegt«, der Teufelskreis aus Schmerzen und Muskelverspannungen durchbrochen. Damit kann sich eine dauerhafte Besserung einstellen.

Die Anwendungen

Die Anwendung der therapeutischen Lokalanästhesie setzt eine gründliche Kenntnis des menschlichen Körperaufbaus voraus. Bei tiefer Stichtechnik kann es nämlich zu gefährlichen Zwischenfällen kommen, zumal die Nadeln erheblich dicker sind als die hauchfeinen Akupunkturnadeln. Deshalb sollte diese Behandlung Ärzten vorbehalten sein.

Vorteile und Nachteile der Lokalanästhesie

Vorteile
- Kann helfen, den Bedarf an Schmerzmitteln zu senken
- Hilft auch bei starken Schmerzen
- Kann über die akute Wirkung des Betäubungsmittels hinaus Schmerzen dauerhaft lindern
- Kosten werden von Kassen übernommen

Nachteile
- Manche Menschen reagieren überempfindlich (mögliche Nebenwirkungen: Schwindel, Übelkeit oder Kollaps)

Misteltherapie

Bei den Kelten galt die Mistel als heilige Pflanze. Sie wirkt blutdrucksenkend, gefäßerweiternd und beruhigend. Heute werden Mistelpräparate hauptsächlich bei Krebserkrankungen als unterstützende Behandlung verwendet, um die Abwehrzellen des Immunsystems anzuregen. Weniger bekannt ist jedoch die Misteltherapie bei Verschleißleiden an der Wirbelsäule und den Gelenken.

Behandlung

Bei dieser Behandlung werden Mistelextrakte in steigender Dosierung oberflächlich unter die Haut gespritzt. Das Verfahren nennt man auch Quaddeln. Verschiedene Stoffe in den Mistelpräparaten lösen nun eine Entzündung in dem Bereich der Quaddelungen aus.
Folge: Es kommt zu einer vermehrten Durchblutung und Ausbildung von kleinen Blutgefäßen. Dieser Effekt wird der schmerzlindernden und heilenden Wirkung der Misteltherapie zugeschrieben.

Die Behandlung sollte etwa zehnmal innerhalb von maximal zwei Monaten vorgenommen werden. Bei der richtigen Dosierung kommt es zu einem flüchtigen Brennschmerz, zu leichtem Fieber, Mattigkeit und Nachtschweiß.

Vorteile und Nachteile der Misteltherapie

Vorteile
- Keine große Verletzungsgefahr, da das Medikament nur oberflächlich unter die Haut gespritzt wird

Nachteile
- Schüttelfrost, hohes Fieber und starke Kopfschmerzen bei zu hoher Dosierung
- Wirksamkeit umstritten

Wichtig:
Eine Misteltherapie sollte ausschließlich von einem Arzt durchgeführt werden, denn eine unsachgemäße Injektion kann zum Kreislaufkollaps führen.

Die Heilbehandlungen auf einen Blick

Symptome	Chiro-therapie	Kranken-gymnastik	Massage	Elektro-therapie	Thermo-therapie
Belastungsrücken-schmerzen		Begleitend zu anderer Therapie		Begleitend zu anderer Therapie	Begleitend zu anderer Therapie
Bewegungsschmer-zen, Blockierungen	Gut wirksam	Begleitend zu anderer Therapie			
Bandscheiben-leiden	Vorsicht! Verschlimme-rung möglich	Nach Abklingen der Anfangs-beschwerden	Nicht im Anfangs-stadium	Begleitend zu anderer Therapie	Wärme, Stangerbad bei Bein-schmerzen
Verschleiss-leiden	Begleitend zu anderer Therapie	Begleitend zu anderer Therapie	Begleitend zu anderer Therapie	Begleitend zu anderer Therapie	Gut wirksam
Fehlhaltungen Verbiegungen		Gut wirksam			
Überbeweglich-keit, Bänder-schmerzen	Besserung oft nur kurzfristig	Gut wirksam zur Stabilisierung		Begleitend zur Kranken-gymnastik	
Osteoporose (Knochen-entkalkung)	Vorsicht! Ver-schlimmerung möglich	Bewegungs-übungen sehr wichtig	Vorsicht! Verschlimme-rung möglich	Begleitend zu anderer Therapie	Begleitend zu anderer Therapie
Rheumatische Erkrankungen Morbus Bechterew		Dauerbehand-lung erforderlich		Begleitend zu anderer Therapie	Begleitend zu anderer Therapie
Zerrungen der HWS (Schleuder-trauma)	Nicht inner-halb der ersten Wochen	Nach Abklingen der akuten Beschwerden		Begleitend zu anderer Therapie	
Zerstörende Erkran-kungen (Krebs, schwere Entzündung)	NEIN!	Vorsichtig unter genauer ärztlicher Anleitung		Begleitend zu anderer Therapie	

Die Heilbehandlungen auf einen Blick

Lagerung, Ruhigstell.	Akupunktur	Neuraltherapie, TLA	Strecken	Sonstige
	Gut wirksam	Gut wirksam		Umstellung der Lebenshaltung
		Begleitend zu anderer Therapie	Vorbereitend für Chirotherapie	
Zu Beginn Ruhigstellung	Begleitend zu anderer Therapie	Gut wirksam sind »Nervenblockaden«	Gut wirksam	Schmerzmedikamente, ggf. Operation
Bei Lockerung Bandagen	Begleitend zu anderer Therapie	Begleitend zu anderer Therapie	Nicht bei Überbeweglichkeit	Schmerzmedikamente
Korsett bei starken Verbiegungen der jugendlichen WS				Einlagen bei Beinlängenunterschieden
		Begleitend zu Krankengymnastik	NEIN!	
Bei extremen Veränderungen Korsett	Begleitend zu anderer Therapie	Begleitend zu anderer Therapie	NEIN!	Hormone, Medikamente
		Begleitend zu anderer Therapie		Medikamente
Erste Tage Krawatte		Begleitend zu anderer Therapie		Schmerzmittel
Je nach Grundleiden		Begleitend zu anderer Therapie	NEIN!	Medikamente, ggf. Operation

Autogenes Training eignet sich sehr gut, um Muskelverspannungen zu behandeln. Durch konzentrative Selbstentspannung lernen Sie, den eigenen Puls, die Atmung und die Durchblutung zu kontrollieren und auch einzelne Körperteile zu spüren und gezielt zu entspannen.

Entspannungsübungen bei Rückenschmerzen

Yoga – eine der Möglichkeiten zur Entspannung

Mit Hilfe verschiedener Entspannungsübungen lassen sich Belastungsrückenschmerzen sehr gut mindern. Die meisten der hier aufgeführten Techniken erlernt man am besten in der Gruppe. Später kann und sollte man die Übungen auch allein zu Hause durchführen.

Wer bietet Entspannungskurse

- Krankenkassen
- Arztpraxen
- Volkshochschulen
- Psychotherapeutische Vereinigungen
- Gesundheitszentren

Autogenes Training

Die bekannteste Technik in Deutschland, entwickelt von dem Nervenarzt J. H. Schultz, ist das autogene Training. Durch Selbstsuggestion wird ein Gefühl von Schwere und Wärme erzeugt.

Das Training findet in kleinen Gruppen statt (mit maximal 15 Personen), etwa ein- bis zweimal pro Woche. Die Trainingseinheit beträgt ca. 30 Minuten. Nach rund zehn Sitzungen beherrschen die meisten Teilnehmer die Technik, so daß sie die Übungen zu Hause ohne Anleitung fortsetzen können.

Erst wenn Psyche und Geist richtig entspannt sind, können sich auch die schmerzhaften Verspannungen Ihrer Rückenmuskulatur lockern.

Feldenkrais

Diese Methode wurde von dem Physiker und Verhaltensphysiologen Moshe Feldenkrais (1904–1984) entwickelt. Mit bewußter Bewegung soll eine verbesserte Lebensqualität erreicht werden. Der Unterricht erfolgt in der Gruppe oder in Einzelstunden (später auch allein ohne Lehrer). Geübt wird meist im Liegen, wobei die körperliche Anstrengung begrenzt bleibt. Dadurch kann man vor allem chronische Schmerzen lindern oder beseitigen.

Muskelentspannung nach Jacobson

Diese Technik geht auf den Amerikaner Jacobson zurück. Bestimmte Muskelgruppen werden stark angespannt und dann gelockert. Man lernt am besten in der Gruppe, um dann daheim weiterzumachen. Diese Entspannungsmethode empfiehlt sich vor allem bei Bewegungseinschränkungen, Verspannungen etc.

Die richtige Körperhaltung sowie bewußte Bewegungen sind der Schlüssel zur Verbesserung der Gesundheit.

Qigong

Diese alte chinesische Meditations- und Therapietechnik findet auch bei uns immer mehr Anhänger. Die Kursteilnehmer lernen, sich auf Atmung, bestimmte Körperzonen oder Organe zu konzentrieren. Regelmäßige Wiederholungen haben einen entspannenden, schmerzlindernden Effekt.

Yoga

Yoga ist seit Jahrtausenden in der indischen Kultur verwurzelt. Mit Meditation, Körper- und Atemübungen wird ein

Für einen Laien sehen Yogaübungen manchmal wie Verrenkungen aus. Hinter den Figuren stecken aber jeweils ganz bestimmte Entspannungs- und Konzentrationsübungen.

verändertes Bewußtsein angesteuert. Der Unterricht findet meist in der Gruppe statt; wer genug Erfahrung gesammelt hat, macht allein weiter. Durchschlagende Erfolge stellen sich jedoch häufig erst nach einigen Jahren ein. Bei Rückenschmerzen, die stark über die Psyche beeinflußt werden können, schlägt die Methode am besten an.

Alle Schmerzformen enthalten auch ein psychisches Element. So kann regelmäßiges Meditieren helfen, sich auf sanfte Art von Streß, Ängsten und Verspannungen zu befreien.

Ayurveda

Ayurveda kommt wie Yoga aus Indien. Zu dieser »Wissenschaft vom gesunden Leben« gehören bestimmte Körper- und Atemübungen, aber auch pflanzliche und mineralische Arzneien, Dampfbäder, Massagen mit bestimmten Ölen oder Musiktherapie. Empfehlenswert ist Ayurveda bei chronischen Rückenschmerzen, Gelenkentzündungen und funktionellen Beschwerden. Ayurveda wird neuerdings auch im Rahmen einer Pauschalreise von verschiedenen Reiseveranstaltern angeboten (im Reisebüro fragen).

Nicht alle Patienten sind gleich gut für eine Hypnosetherapie geeignet. Am besten sprechen diejenigen an, die sich nicht innerlich sperren und die gewillt sind, die Vorschläge des Hypnotiseurs anzunehmen.

Hypnose

Diese Methode, die eine Veränderung des Bewußtseins durch einen Hypnotiseur anstrebt, der den Patienten in einen schlafähnlichen Zustand versetzt, ist weniger verbreitet als die vorgenannten.

- Wichtig ist das gegenseitige Vertrauen zwischen Behandler und Patient.
- Hypnose ist keineswegs ein Wundermittel; die Beschwerden werden nicht »im Schlaf« beseitigt, sondern erfordern mehrere Sitzungen und aktive Mitarbeit des Patienten.
- Hypnose eignet sich vor allem als Schmerztherapie.
- Hypnose wird von Ärzten, Psychotherapeuten und Heilpraktikern angeboten.

Welche Entspannungsmethode hilft bei welchen Beschwerden?

Methode	Beschwerden
Autogenes Training	Schmerzen, Verspannungen
Feldenkrais	Chronische Schmerzen
Muskelentspannung nach Jacobson	Schmerzen, Bewegungseinschränkungen, Verspannungen
Qigong	Schmerzen
Yoga	Schmerzen
Ayurveda	Schmerzen, Gelenkentzündungen, funktionelle Beschwerden
Hypnose	Schmerzen

Verhütung von Wirbelsäulenschäden beim Sport

Sport in Maßen ist wichtig

No sports?

»No sports« antwortete der alte Winston Churchill auf die Frage nach dem Geheimnis seiner Gesundheit. Und tatsächlich: Wenn man sich die deutschen Tennisasse ansieht, die immer wieder Turniere wegen heftiger Rückenschmerzen absagen mußten, dann fühlen sich die bestätigt, die lieber faul vor der Glotze liegen und so denken wie der frühere englische Premierminister: Nur keinen Sport treiben.

Dabei ist die Ansicht, Sport sei grundsätzlich ungesund, natürlich blanker Unsinn. Im Gegenteil: Wer keinen Sport treibt, schadet seinem Körper, speziell der Wirbelsäule und den Knochen. Wie ein Baby nach der Flasche schreit, »schreien« unsere Bandscheiben und Knochen ebenfalls nach Nahrung – und die besteht nun mal zu einem großen Teil aus Bewegung. Je weniger wir uns bewegen, desto schneller sind Bandscheiben verschlissen und Knochen entkalkt. Die Muskulatur, die das Rückgrat stützt, magert ab.

Knochen, Gelenke, Sehnen und Muskeln brauchen ausreichend Bewegung, um ihre Elastizität und Vitalität erhalten zu können.

Gefahren durch Übertreibung

Wie am Beispiel vieler Leistungssportler (übrigens nicht nur der Tennisspieler) zu sehen ist, können Übertreibungen beim Sport auch großen Schaden anrichten.

Sport – in Maßen betrieben – ist bekanntlich gesund. Nur ist nicht jede Sportart für jeden gleich gut geeignet.

Ein Ringer, der seinen Gegner im Kampf ruckartig hochstemmt, lebt mit Sicherheit (kreuz)gefährlich, ebenso wie die zarte Kunstturnerin, deren ausgeprägtes Hohlkreuz die Preisrichter zu Höchstnoten greifen läßt. Und wer sich einmal den Aufschlag eines Goran Ivanisevic in Zeitlupe ansieht, wie er den Filzball mit über 200 km/h ins gegnerische Feld donnert, der kann sich leicht vorstellen, welche Kräfte hier auf die Bandscheiben einwirken.

Keine falsche Bewegung!

Gefahr droht insbesondere durch falsches Heben, Drehbewegungen, Überstreckungen und Erschütterungen, aber auch durch konstante Körperhaltung. Die untenstehende Übersicht kann Ihnen bei der Auswahl »Ihres« Sports Orientierungshilfen geben.

Risikosportarten entschärfen

Ein paar Schwachpunkte sind jedoch in unserer Tabelle enthalten: Auch bei einer bandscheibenfreundlichen Sportart wie Schwimmen oder Tanzen kann man nämlich einiges

Gesundheitliches Risiko verschiedener Sportarten

Sportarten ohne grosses Risiko	Teils entlastend, teils belastend	Belastende Sportarten
Laufen	Handball	Golf
Schwimmen	Fußball	Tennis
Radfahren	Volleyball	Skiabfahrtslauf
Tanzen (kein Turniertanz)	Basketball	Gewichtheben, Ringen
Musikgymnastik	Turnen	Rudern
Skilanglauf	Tischtennis	Segeln, Surfen
Eislaufen	Rodeln	Kanufahren
Tauchen, Schnorcheln	Baseball	Squash, Hockey
Fitneßtraining	Reiten	Badminton

falsch machen, insbesondere dann, wenn es im Wettkampf um Punkte und Pokale geht. Ebenso können belastende Sportarten durchaus harmlos sein, wenn man »giftige« Bewegungen einfach unterläßt. Der Senior, der beim gemütlichen Tennisdoppel den Aufschlag einfach von unten macht und nicht ehrgeizig jedem Ball hinterherhechelt, tut sicherlich mehr für seinen Körper als der Vereinskollege, der am Klubtresen Biere stemmt.
Im folgenden wollen wir etwas näher auf jene Sportarten eingehen, die Ihrem Rücken ein Leben lang Freude machen können.

Schwimmen

Schwimmen gilt als besonders rückenfreundlich. Durch den Auftrieb des Körpers im Wasser wird die Wirbelsäule spürbar entlastet.
Worauf Sie achten sollten:

- Menschen mit akuten Rückenschmerzen sollten Schwimmbecken mit warmem Wasser bevorzugen.
- Brustschwimmen ist leider nicht so günstig, weil Lenden- und Halswirbelsäule überstreckt werden. Diesen Negativeffekt kann man mit möglichst langen Gleitphasen etwas mindern. Das Gesicht bleibt dabei im Wasser.
- Am schonendsten ist jedoch Rückenschwimmen (hat leider den Nachteil, daß man bei viel Betrieb ständig mit anderen Schwimmern zusammenstößt).

Schwimmen trainiert Ihren Kreislauf und sorgt für eine gute Kondition. Zusätzlich werden Ihre Gelenke schonend bewegt und alle Muskelgruppen gestärkt.

Radfahren

Radfahren ist eine runde Sache, wenn man sich auf das richtige Rad schwingt und darauf die richtige Position einnimmt (siehe »Radfahren – gewußt wie«, Seite 66).

Wer jetzt noch Streckenlänge und -profil der eigenen Leistungsfähigkeit anpaßt und regelmäßig trainiert, tut nicht nur seinem Rücken etwas Gutes, sondern schont die Gelenke weitgehend und baut ordentlich Kondition auf.

Laufen oder Joggen

Den besten Trainingseffekt sowohl für Ihre Kondition als auch für Ihre Rückenmuskulatur erzielen Sie, wenn Sie Ihr Lauftempo so wählen, daß Sie sich noch nebenher unterhalten können.

Bei durchtrainierten, leichten Läufern wirkt Laufen oder Joggen wie eine wohltuende Massage, weil es durch den rhythmischen Wechsel von Belastung und Entlastung der Wirbelsäule zu einem optimalen Stoffwechsel der Bandscheiben kommt.

Worauf Sie achten sollten:

- Bei schwergewichtigen Menschen können die Stöße zu Bandscheibenschäden führen.
- Wichtig sind gute, leichte Joggingschuhe, die Erschütterungen beim Auftreten dämpfen.
- Ebenso sollte man auf die Lauftechnik achten, bei der die Beinmuskulatur Erschütterungen abfedert.
- Laufen auf Waldboden ist gesünder als auf Asphalt.

Beachten Sie diese Empfehlungen nicht, können außer Ihrer Wirbelsäule Ihre Kniegelenke leicht in Mitleidenschaft gezogen werden.

Skilanglauf

Ähnlich wie das Joggen ist der Bewegungsablauf beim Skilanglaufen eine ideale »Bandscheibenmassage« und schont überdies die Gelenke.

Worauf Sie achten sollten:

- Da die Rückenmuskulatur stark beansprucht wird, sollte

Sport im Freien ist besonders empfehlenswert, weil außer der Bewegung auch die frische Luft guttut. Streß und Belastung fallen von Ihnen ab, wenn Sie regelmäßig eine Sportart ausüben können.

man sich unbedingt durch gezielte Übungen auf diesen Sport vorbereiten.

Gymnastik

Gymnastik ist ideal – wenn man alles richtig macht. Deswegen ist ein fachkundiger »Vorturner« unerläßlich.
Ein Team von Hamburger Krankengymnasten, Ärzten, Sportlehrern und Trainern hat einmal die traditionellen

Diese Gymnastikübungen machen krank!

- Schwungvolles Armkreisen
- Rumpfkreisen
- Rumpfbeugen im Sitzen
- Diagonales Rumpfbeugen im Stehen mit gespreizten Beinen
- Beinkreisen aus der Rückenlage
- Kopfkreisen
- Entengang
- Schubkarre
- Sit-ups mit fixierten Beinen

Viele Gymnastikübungen, die noch aus Turnvater Jahns Zeiten stammen, schaden der Wirbelsäule mehr, als daß sie ihr nützen.

Gymnastikübungen, wie sie in Schulen oder Vereinen praktiziert werden, unter die Lupe genommen. Ergebnis: Viele dieser Übungen sind nicht nur nutzlos, sondern schaden der Gesundheit, speziell dem Rücken.

Fitneßtraining

Suchen Sie sich ein Fitneßstudio aus, das gut ausgebildete Trainer hat. Diese können dann ganz gezielt ein individuelles Übungsprogramm zur Stärkung Ihres Rückens zusammenstellen.

Der Muskelprotz, der selbstverliebt vor dem Spiegel seinen Bizeps stählt, ist nicht mehr typisch für unsere Fitneßcenter. Immer mehr Menschen schwitzen heute in »Krafträumen«, um ihre Rückenprobleme in den Griff zu bekommen.
Worauf Sie achten sollten:

- Viele Orthopäden empfehlen ein regelmäßiges Training, um speziell die schlaffe Rücken- und Bauchmuskulatur zu stärken. Doch Vorsicht: Da man an den Trainingsgeräten schnell etwas falsch machen kann, steht und fällt ein Fitneßklub mit seinen fachkundigen Betreuern.

Reiten

Reiten ist eine gute Form der Rückengymnastik – vorausgesetzt, daß Pferd und Reiter miteinander harmonieren. Fast die gesamte Muskulatur wird von Kopf bis Fuß beansprucht, was besonders der Rückenmuskulatur zugute kommt.
Worauf Sie achten sollten:

- Auf Sprünge sollten Reiter, die bereits Rückenprobleme haben, verzichten.

Für alle Sportarten gilt

- **Vorher aufwärmen**
- **Nicht zu schnell**
- **Nicht zu intensiv**
- **Regelmäßig, ausdauernd**

Praktische Ratschläge

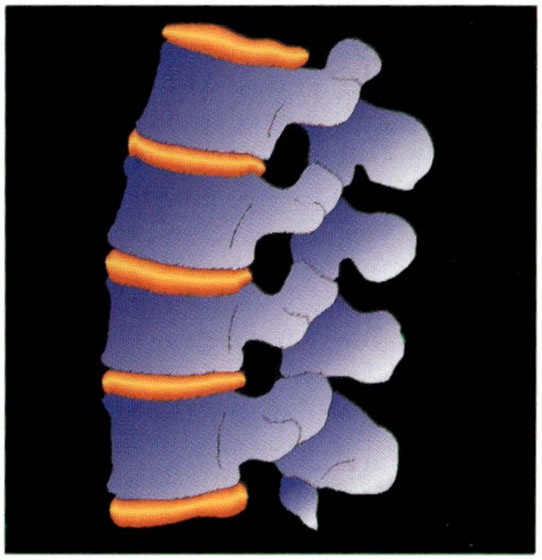

Bandscheiben (orange) wollen gut gebettet sein

Die beste Matratze fürs Kreuz

Etwa ein Drittel des Tages verbringt der Mensch im Bett. Das sind im Laufe seines Lebens immerhin über 200 000 Stunden – Grund genug, sich seine Schlafstätte sorgfältig auszusuchen. Um es gleich vorweg zu sagen: Eine Matratze, die einen kranken Rücken gesund macht, gibt es leider nicht. Eine solche »Heilmatratze« müßte erst erfunden werden.

TIP:
Ideal ist eine elastische und zugleich stützende Unterlage, die dafür sorgt, daß die natürliche Krümmung der Wirbelsäule erhalten bleibt.

Brett im Bett?

Von der weit verbreiteten Ansicht, Rückenpatienten müßten auf einer harten Unterlage schlafen, sind Mediziner inzwischen abgerückt. Also raus mit dem Brett aus dem Bett! Da sich der Mensch im Schlaf bis zu 100mal pro Nacht dreht, werden die Muskeln auf einer Unterlage, die nicht nachgibt, ständig zusammengedrückt. Um dem Druck entgegenzuwirken, dreht man sich noch öfter und schläft deshalb unruhiger. Wichtig ist aber auch, daß die Matratze nicht »durchhängt«, das heißt, daß sich unter Rücken oder Po keine Kuhle bildet. Je älter die Matratze, desto mehr gibt sie meist nach. Alle acht bis zwölf Jahre sollte eine Matratze ausgetauscht werden (auch aus Hygienegründen). Besonders schädlich sind die dreigeteilten Matratzen aus Großmutters Nachlaß. Sie gehören auf den Sperrmüll. An den Übergängen zwischen den drei Matratzen entstehen zwangsläufig Kältebrücken, die zu Verspannungen im Rücken führen.

Rückenfreundliche Matratzen

1

Ob eine Matratze gut fürs Kreuz ist, kann man mit einem Schnelltest herausfinden: Drücken Sie mit dem Daumen fest auf einen Punkt der Matratze. Beim Loslassen sollte die Unterlage nur an der Eindruckstelle nachgeben. Federt dagegen das gesamte Umfeld mit, ist die Matratze schlecht für den Rücken.

2

Bei den empfehlenswerten, punktuell nachgebenden Matratzen bleibt die Muskulatur locker. Die Wirbelsäule wird entlastet, und die im Laufe des Tages gestauchten Bandscheiben können sich über Nacht richtig erholen.

3

Als sehr sinnvoll haben sich Taschenfederkernmatratzen erwiesen.
Hier ist jede einzelne Metallfeder in Taschen eingenäht. Dadurch entsteht eine viel genauere Stützwirkung als bei normalen Federkernmatratzen.

4

Auch hochwertiger Latex (nicht Schaumstoff) unterstützt den Rücken gut. Latexmatratzen sind besonders geeignet für stark verstellbare Lattenroste, die man auch zum Sitzen aufrichten kann.

5

Wer groß ist und viel Gewicht auf die Waage bringt, sollte beim Kauf immer die härteren Ausführungen nehmen oder Modelle, die in der Mitte verstärkt sind.

Japanische Futons

Für die japanischen Matratzen mit Baumwollfüllung braucht man eine gesunde Wirbelsäule. Die asiatischen Bettauflagen sind für kleine, leichte Menschen entwickelt und nicht für große, schwere Europäer. Die Baumwollfüllung verschiebt sich bei preiswerten Matratzen oft nach den Seiten, so daß man in der Mitte praktisch »blank« liegt.

Wichtig:
Japanische Futons müssen, am besten täglich, aufgeschüttelt und gerollt werden, sonst schaden sie Ihrer Wirbelsäule.

Sorgfältige Pflege ist notwendig

Ein Futon bedarf einer besonderen Pflege, wenn er nicht schnell untauglich werden soll. Einmal pro Woche muß er aufgeschüttelt und fest zusammengerollt werden, damit der Inhalt wieder in Form gebracht wird. Diese Rolle gehört zum Trocknen und Lüften nach draußen, denn Baumwolle hält die Feuchtigkeit sonst fest.

Die beste Liegeposition

1

Eine Liegeposition mit angewinkelten Hüft- und Kniegelenken ist für die Wirbelsäule besonders schonend. Das gilt sowohl für die Rücken- als auch für die Seitenlage.

2

Schmerzlindernd wirkt oft ein Kissen, das man unter die Knie (in der Rückenlage) bzw. zwischen die Beine (Seitenlage) schiebt.

3

Erleichterung verschafft auch die »Bettwurst«: Ein langes Badetuch wird etwa eine Handbreit gefaltet und so über das Bettuch gespannt, daß die Lendenwirbelsäule (etwas oberhalb des Pos) unterstützt wird.

Wasserbetten

An Wasserbetten, besser gesagt, Wassermatratzen scheiden sich die Geister.

In Kliniken werden sie mit Erfolg eingesetzt, wenn es darum geht, das Wundliegen bei Pflegefällen oder Druckstellen bei Brandwunden zu verhindern. Auch Rückenschmerzen, die rheumatische Ursachen haben, können auf Wassermatratzen mitunter gelindert werden, weil das Wasser auf 28 bis 30 °C erhitzt wird und wohltuende Wärme spendet.

Andererseits wird Bandscheibengeschädigten ein Wasserbett wegen zu abrupter Schwingungen meist nicht empfohlen.

Der Nutzen von Wasserbetten ist unterschiedlich: Für Patienten mit rheumatischen Rückenschmerzen sind sie geeignet, für Bandscheibengeschädigte dagegen nicht empfehlenswert.

Der Unterbau

Schon ein einfacher, starrer Lattenrost tut gute Dienste für den Rücken. Hauptsache, er verrutscht nicht und ist nicht ausgeleiert. Folgende Punkte sollten Sie berücksichtigen:

- Der Lattenrost muß genauso häufig ausgewechselt werden wie die Matratze – alle acht bis zwölf Jahre. Geben die

Holzlatten nämlich nach, kann sich die gute Körperunterstützung einer neuen Matratze nicht richtig auswirken. Schwergewichtige Menschen ab 80 Kilogramm sollten auf eine Mittelzonenverstärkung achten (wie auch bei der Matratze).

- Verstellbare Lattenroste, die man mit einem Motor bis zum aufrechten Sitz hochstellen kann, sind eine echte Erleichterung für Menschen, die unter so schweren Rückenschäden leiden, daß sie ohne fremde Hilfe gar nicht aus dem Bett kommen würden.
- Die alten Spiralfederrahmen sollten Sie schleunigst aus dem Bett verbannen – wegen der mangelnden Unterstützung von unten. In allen Matratzen auf Spiralrahmen bildet sich unweigerlich eine Kuhle – und das ist Gift für den Rücken.

Tip:
Einige Bettenstudios gewähren ihren Kunden ein ausgiebiges Probeliegen. Diese Gelegenheit sollten Sie sich nicht entgehen lassen, weil jeder Rücken anders auf eine Unterlage reagiert: Was der eine als hart empfindet, ist für den anderen noch zu weich.

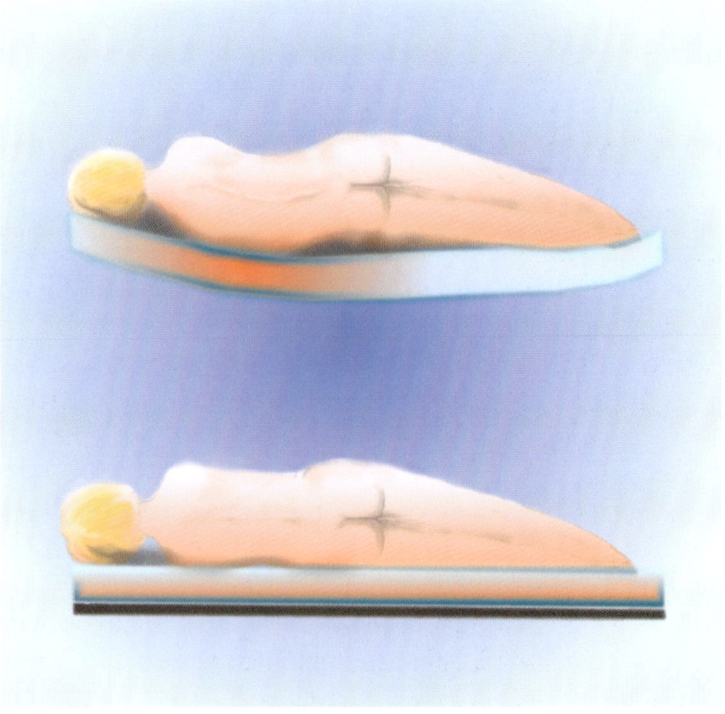

Rückenpatienten sollten ganz besonders auf die Qualität ihrer Matratze achten. Optimal ist eine Matratze, die in jeder Liegeposition die Wölbung des Rückgrats nachformt. Oben: Gift für Ihren Rücken! Unten: So liegen Sie richtig!

Fußkontrolle

Barfußlaufen in weichem Sand, auf federndem Waldboden und Moos – das ist ideal für den Rücken. Bei solchem Untergrund kann man kaum etwas falsch machen.
Doch weil wir praktisch nur noch auf unnatürlichen, nicht nachgebenden Böden gehen – Asphalt, Fliesen, Beton –, sind Rückenschmerzen vorprogrammiert, sowohl im unteren Bereich als auch oben im Nacken. Denn die Erschütterungen pflanzen sich bis in die Wirbelsäule fort und zermürben auf Dauer die Bandscheiben. Deswegen ist die Wahl der richtigen Schuhe so wichtig.

Bereits bei den ersten Schuhen Ihrer Kinder müssen Sie auf Qualität vor allem bei Fußbett und Sohle achten. Denn wer schon in jungen Jahren mit den falschen Schuhen herumläuft, braucht sich später nicht zu wundern, wenn er Probleme mit dem Rücken bekommt.

Rückenfeindliche Absätze

Hohe Absätze bei Damenschuhen verstärken die falsche Belastung zusätzlich. Der Körperschwerpunkt wird beim Tragen hochhackiger Pumps verlagert, was nur durch Verschieben des Beckens ausgeglichen werden kann. Schmerzende Rückenmuskeln und Verspannungen sind die Folge.

Gift für den Rücken

Besonders schlimm für den Rücken sind die modischen Cowboystiefel, die tatsächlich nur für den Einsatz zu Pferde geeignet sind. Sie schaden dem Asphaltcowboy in dreifacher Hinsicht: Nicht nur, daß die Absätze zu hart und zu hoch sind – sie nehmen auch noch den Vorfuß in die Zange. Dabei wird die Fußstatik selbst verändert, was sich zusätzlich auf den Rücken auswirken kann.
Wenn schon hohe und harte Absätze, dann nicht den ganzen Tag! Die gesundheitsbewußten Geschäftsfrauen in New York machen es richtig: In der Mittagspause verschwinden die Pumps im Schreibtisch, bequeme Joggingschuhe werden ausgepackt. In ganz Manhattan sieht man zur Lunchzeit viele Frauen in Turnschuhen – zum schicken Blazerkostüm.

TIP:
Laufen Sie, so oft es möglich ist, barfuß herum, das kräftigt die Fußmuskulatur und entlastet Ihren gestreßten Rücken.

Sorgen Sie mit der richtigen Haltung und mit gezielten Übungen für Entlastung, denn der beste Chefsessel kann Sie allein nicht vor Kreuzschmerzen bewahren.

Der richtige Schuh

- Achten Sie im Schuhgeschäft darauf, daß der Absatz beim Eindrücken nachgibt. Gute Sportschuhe erfüllen diese Bedingung von vornherein, elegante Büroschuhe meist nicht.
- Dieses Manko kann man mit Einlagen aus weichem Kunststoff ausgleichen, die allerdings verrutschen und scheuern können. Besser sind Pufferabsätze, die es auch auf Rezept gibt. Der Schuhmacher füllt den hinteren Teil des Absatzes mit Moosgummi auf. Vorteil: Man sieht kaum etwas davon und läuft trotzdem wie auf Wolken.
- Wenn Sie sich eine Trittspur im Sand ansehen, erkennen Sie deutlich, daß sich die Füße in dem nachgebenden Untergrund ein natürliches Fußbett schaffen. Ein guter Schuh kommt diesem Abdruck möglichst nahe und läßt dem Fuß ausreichend Platz.
- Sind die Füße bereits gesenkt, gespreizt oder abgeknickt, stimmt die ganze Körperstatik nicht mehr. Das ist wie beim schiefen Turm von Pisa – ist das Fundament nicht in Ordnung, droht der gesamte Aufbau »einzustürzen«. In diesen Fällen wird meist eine orthopädische (Fußbett-) Einlage verordnet.

Die optimale Sitzgelegenheit

Der ideale Bürostuhl

Rückenschmerzen, Verspannungen der Schulter- und Nackenmuskulatur – für viele, die am Schreibtisch arbeiten, gehören diese Beschwerden zum traurigen Alltag im Büro. Hauptursache dieser Erscheinungen ist die einseitige Dauerbelastung der Wirbelsäule.
Arbeitsmediziner haben einige Anforderungen erarbeitet, die ein rückenfreundlicher Bürostuhl erfüllen sollte:

- Sitz- und Lendenhöhe sollten höhenverstellbar sein.
- Die Neigung von Rückenlehne und Sitzfläche sollte ebenfalls verstellbar sein, damit ein bewegungsaktives Sitzen ermöglicht wird.
- In der vorderen Hälfte sollte die Sitzfläche leicht nach vorn abfallen.
- Die Lehnenrückstellkraft (Kraft, die benötigt wird, um die Rückenlehne nach hinten zu drücken) sollte auf das Körpergewicht abgestimmt sein.
- Die Sitzfläche sollte gepolstert und nach vorne abgerundet sein.
- Der Bürostuhl sollte mit Gasdruckfedern ausgestattet sein, die auch, wenn der Stuhl ganz tief eingestellt ist, das Hinsetzen noch abdämpfen.

Fitneßball für Schule und Büro?

In einer Hamburger Schulklasse brach vor einigen Jahren eine kleine Revolution aus. Kinder saßen nicht mehr auf Stühlen oder Bänken, sondern auf Bällen. Das Experiment sollte zeigen, daß die federnde Kugel zu einer besseren Sitzhaltung erzieht als das herkömmliche Mobiliar.

Hier und da hat der Fitneß- oder Gymnastikball bereits Einzug in Schulen und Büros gehalten. Ob daraus ein Siegeszug werden wird, muß abgewartet werden. Immerhin empfehlen Orthopäden den Ball als vorübergehende Alternative zum Stuhl und als Trainingsgerät für Rückenübungen.

TIP:
Fitneßbälle in verschiedenen Größen bekommt man in allen guten Sportgeschäften. Wer einen Videorekorder hat, kann sich Fitneßballübungen nach Musik auf seinen Bildschirm zaubern.

Balancestühle (Schienbeinstützstühle)

Ähnlich wie der Fitneßball eignet sich der Balancestuhl eher zur zeitweiligen Kräftigung der Rückenmuskulatur und weniger zum Marathonsitzen. Denn bei zu langer Benützung kann es zu Knieproblemen, Durchblutungsstörungen und Krampfadern kommen.

Sitzen zu Hause

Kein Mensch wird seine Wohnung nur nach orthopädischen Gesichtspunkten möblieren. Trotzdem kann man auch vor dem Fernseher oder beim Essen auf seinen Rücken Rücksicht nehmen.

- **Eßstühle sollten grundsätzlich Armlehnen haben.**
- **Entspannung beim TV-Krimi bietet ein Fernsehsessel mit guter Abstützung im Kreuzbereich, nach hinten verstellbarer Rückenlehne, Armstützen und breiter Sitzfläche.**
- **Vorteilhaft ist es, wenn man zusätzlich die Beine hochlegen kann.**

- Durch die starke Neigung der Sitzfläche nach vorne werden eine gute Beckenkippung und Aufrichtung des Rumpfes erreicht.
- Damit man bei dieser Sitzflächenneigung nicht nach vorne wegrutscht, werden die Schienbeine abgestützt.
- Da der Stuhl auf Kufen gelagert ist, muß ständig die Balance gehalten werden – ein prächtiger Trainingseffekt für die Rückenmuskulatur!

Eine andere Variation eines Arbeitsplatzes ist das Stehpult. Wer die Möglichkeit hat, sollte häufiger zwischen Bürostuhl und Stehpult wechseln, um seinem Rücken Abwechslung zu gönnen.

Der richtige Arbeitstisch

Der Tisch hat die richtige Höhe, wenn man die Unterarme bei rechtwinklig gebeugten Ellenbogengelenken bequem auf der Arbeitsfläche ablegen kann.

Wer längere Zeit beim Lesen und Schreiben den Kopf stark vorneigt, wird dennoch bald über Kopfschmerzen klagen, weil sich die Halsmuskeln verkrampfen und der Nacken steif wird.

Deswegen ändert man am besten immer wieder seine Sitzposition. Bürotische, deren Arbeitsfläche man wie ein Pult schräg stellen kann, verhindern ebenfalls den Schreib- und Lesekopfschmerz.

Lange Autofahrten sicher überstehen

Auch der beste Komfortsitz kann kaum verhindern, daß uns nach stundenlangem Autofahren der Rücken schmerzt. Es ist kein Zufall, daß Lastwagen- und Taxifahrer besonders oft in orthopädischen Praxen erscheinen: Das Dauersitzen ist nun mal Schwerstarbeit für die Wirbelsäule.
Während man im Zug (und sogar im Flugzeug) immer mal wieder aufstehen und ein paar Dehn- und Streckübungen machen kann, sind Autofahrer im Stau in ihren Blechkisten regelrecht festgenagelt. Aber es gibt sogar in solchen Extremsituationen ein paar Tricks, mit denen man sich einigermaßen fit halten kann.

Im folgenden noch ein paar goldene Regeln, wie Sie Ihren Rücken schon vorbeugend, d. h. bevor Sie losfahren, schützen können:

Unser beliebtestes Fortbewegungsmittel, in dem wir zunehmend mehr Zeit verbringen – nicht nur zur Urlaubszeit im Stau –, strapaziert unsere Wirbelsäule in hohem Maße.

So sitzen Sie am Steuer richtig

Vor dem Start setzen Sie sich dicht an die Rückenlehne. Treten Sie das Kupplungspedal durch, stellen Sie den Sitz so ein, daß Ihr linkes Bein nicht völlig gestreckt ist. Die Oberschenkel sollten bis kurz vor der Kniekehle aufliegen.

- Stellen Sie die Rückenlehne so ein, daß sie nur leicht aus der Senkrechten nach hinten geneigt ist (ideal ist ein Winkel von 100 bis 120 Grad zum Sitz).
- Wenn Sie sich zurücklehnen und das Lenkrad anfassen, sollten die Arme leicht angewinkelt sein. Die Mitte der Kopfstütze befindet sich in Höhe der Ohren. Abstand zum Kopf: ca. zwei Zentimeter. Nicht anlehnen!
- Ein Rückenstützkissen fördert die aufrechte Sitzhaltung und hilft Verspannungen vermeiden. Das Kissen, meist mit einer Schaumstoffkernfüllung, sollte mit Gurten an der Sitzlehne befestigt werden, damit es während der Fahrt nicht verrutscht. Sie bekommen es im Autozubehörhandel oder Gesundheitsfachgeschäft.

Bei längeren Autofahrten bleiben häufig Verkrampfungen der Rückenmuskulatur nicht aus. Regelmäßige Pausen mit Aussteigen sind dringend zu empfehlen. Aber auch für den Stadtverkehr gibt es wirkungsvolle Übungen im Sitzen.

Übungen für Autofahrer

Auch im Auto können Fahrer und Beifahrer einiges für ihren Rücken tun. Wer hinter dem Steuer sitzt, sollte die folgenden Übungen jedoch nur dann ausführen, wenn er nicht auf den Verkehr achten muß (im Stau, vor Ampeln, bei Pausen).

Zur Dehnung der Nackenmuskulatur
Schultern nach unten drücken und den Kopf senkrecht nach oben recken. Bei maximaler Streckung der Halswirbelsäule den Hinterkopf gegen die Kopfstütze lehnen. Immer Kontakt mit der Rückenlehne halten, regelmäßig weiteratmen und 7 Sekunden dehnen.

Tip:
Jede Übung ohne Hast ausführen und zweimal wiederholen. Gleichmäßig und ruhig weiteratmen. Mindestens alle zwei Stunden eine Aktivpause einlegen. An Fahrerwechsel denken.

Zur Kräftigung und Durchblutung der Rückenmuskulatur

- Becken nach vorn schieben und Schulterblätter zusammendrücken (Hohlkreuz bilden).
- Danach die Lendenwirbelsäule gegen die Sitzlehne pressen.
- Während der Übung den Körper aufrecht halten und den Kopf nach oben nehmen.

Zur Kräftigung und Durchblutung der Gesäßmuskulatur

- Die Pobacken fest zusammenkneifen und etwa 7 Sekunden halten.
- Rücken dabei in die Sitzlehne drücken.

Zur Mobilisation der Lendenwirbelsäule

- Wirbelsäule strecken, abwechselnd für jeweils 3 Sekunden eine Pobacke anheben.

Zur Kräftigung und Dehnung der Schulter-Nacken-Muskulatur

- Schultern für 7 Sekunden fest nach hinten ziehen.
- Ellenbogen gleichzeitig bei angewinkelten Armen und gespreizten Händen gegen die Sitzlehne drücken.
- Zur Entspannung: Oberkörper nach vorn neigen und Fingerspitzen zum Boden strecken.
- Das Kinn auf das Brustbein drücken.

Zur Dehnung der seitlichen Schulter-Nacken-Muskulatur

- Aufrecht sitzen ohne Kontakt zur Rückenlehne.
- Einen Arm anwinkeln und Hand zur Faust ballen.
- Mit der anderen Hand den Kopf zur Gegenseite ziehen.
- Den angewinkelten Ellenbogen abwärts drücken, 7 Sekunden halten.

Tip:
Besorgen Sie sich im Fachhandel CDs oder Musikkassetten mit einem Übungsprogramm extra für Autofahrer, das ADAC und DAK gemeinsam entwickelt haben.

Radfahren – gewußt wie

In keinem anderen Sport geht der Mensch eine solch enge Symbiose mit seinem Sportgerät ein wie beim Radfahren. Die Übersetzung einer Tretbewegung in das Rollen der Räder, die komplizierte Hebelkette, die zwischen Armen, Oberkörper und Lenker besteht, machen einige Überlegungen bezüglich der Ansprüche an das Fahrrad nötig, wenn man den größten Effekt aus der sportlichen Betätigung ziehen will: Aufbau von Muskulatur und Kondition bei gleichzeitiger Schonung von Gelenken und vor allem dem Rückgrat.

Kaufen Sie Ihr Rad im Fachhandel. Dort hat man einen besseren Blick für Ihre Körpergeometrie und rüstet Ihr Rad entsprechend um oder aus – ein Service, den Sie im Supermarkt nicht bekommen.

Rahmenhöhe

Die optimale Rahmenhöhe Ihres Fahrrads, also der Abstand zwischen Tretlagerachse und Oberrohrmitte, richtet sich hauptsächlich nach Ihrer Schritthöhe und auch nach der Art Ihres Fahrrads. Bei einem normalen Rad, also einem Renn- oder Tourenrad, wird die Schritthöhe – barfuß an der Innenseite der leicht gespreizten Beine – gemessen und mit dem Faktor 0,65 multipliziert. Den errechneten Wert runden Sie auf die nächstliegende gängige Rahmenhöhe auf oder ab. Bei Mountainbikes müssen Sie je nach Rahmengeometrie fünf bis sechs Zentimeter abziehen. Ein seriöser Händler hat eine entsprechende Meßvorrichtung in seinem Geschäft.

Sattelhöhe

Sie richtet sich nach Ihrer Körpergröße: Sie stimmt, wenn die Ferse mit fast durchgedrücktem Knie in der tiefsten Pedalposition ruht. Das bedeutet, daß Sie beim Fahren, wenn Sie mit dem Fußballen auf dem Pedal stehen, das Knie fast, aber eben nicht ganz durchstrecken müssen.

Sattel

Eine gute Federung schont den Rücken. Vor allem Gelsättel, deren weicher Kern aus dickflüssigem Polyäthylen besteht, dämpfen Stöße. Seien Sie sich aber bewußt, daß keine noch so gute Federung eine falsche Rahmengeometrie oder eine schlechte Haltung auf dem Rad ausgleichen kann. Gerade Profis schwören oft auf harte, klassische Ledersättel, die sich im Laufe der Zeit der Gesäßform des Fahrers anpassen.

Lenker

Sattel und Lenker sollten etwa die gleiche Höhe haben, so daß eine Haltung mit leicht nach vorn gebeugtem, geradem Rücken möglich ist. Die aufrechte Haltung ist nur bei Kurzstrecken zu empfehlen. Dabei trägt die Wirbelsäule das gesamte Gewicht des Oberkörpers und ist jedem Stoß von der Straße ausgesetzt.
Ein relativ tiefer Lenker winkelt die Wirbelsäule oberhalb des Beckens ab und schützt sie so vor Erschütterungen. Sportliche Fahrer fixieren den Lenker bis zu zehn Zentimeter unterhalb der Sattelhöhe. Auf alle Fälle sollten Sie darauf achten, den sogenannten Rundrücken zu vermeiden. Halten Sie die Wirbelsäule möglichst gerade – das schont die Bandscheiben und garantiert eine unbeeinträchtigte Atmung. Achten Sie auch darauf, die Arme nicht völlig durchzustrecken – lockere Ellbogen federn Stöße vom Vorderrad ab.

Ein Fahrradhelm nützt zwar Ihrem Rücken nichts, kann aber bei einem Unfall Ihr Leben retten. Also keine falsche Eitelkeit!

Reifen

Breite Reifen, die nicht knallhart aufgepumpt sind, federn auf der einen Seite zwar Erschütterungen gut ab, kosten aber andererseits wegen des erhöhten Rollwiderstands deutlich mehr Kraft.

Welches Rad paßt zu mir?

Wenn Sie die oben angeführten Regeln beachten, können Sie Ihrer Vorliebe freien Lauf lassen. Wenn Sie aber unbedingt mit dem Mountainbike ins Gelände wollen, sollten Sie bedenken, daß es dort für Ihren Rücken wesentlich strapaziöser zugeht als auf einer asphaltierten Straße!

Gartenarbeit ohne Reue

Tip:
Rasenmäher mit Radantrieb oder kleine Versionen aus Kunststoff schonen das Kreuz. Sinnvoll sind auch - bei größeren Gärten - Auffangkörbe für das gemähte Gras. Man spart sich damit das für den Rücken so beschwerliche Zusammenrechen.

Viele erwischt die gefürchtete Hexe mitten in der Gartenarbeit: beim Unkrautjäten, beim Blumenpflanzen oder beim Harken des Rasens. Als hätte man versehentlich eine Starkstromleitung angefaßt, spürt man einen stechenden Schmerz vom Genick bis in die Zehen. In Sekunden ist der Mensch steif wie ein Stock – nichts geht mehr.
Damit Ihnen der Hexenschuß erspart bleibt, geben wir Ihnen folgende Tips:

- Bevor Sie sich in die Arbeit stürzen, wärmen Sie die Arm-, Bein- und Rückenmuskulatur mit ein paar Dehnübungen auf. Diese Übungen wiederholen Sie während der Gartenarbeit öfter. Verweilen Sie nie zu lange in gebückter Haltung, richten Sie sich zwischendurch auf, und strecken Sie den Körper.
- Vermeiden Sie beim Harken oder Jäten eine allzu starke Krümmung des Rückens. Der Rumpf sollte möglichst gerade bleiben. Beim Ausholen nach vorn verlagern Sie das Körpergewicht auf den vorderen Fuß, beim Zurückziehen auf den hinteren Fuß. Achten Sie darauf, daß Ihr Werkzeug möglichst leicht ist bzw. einen langen Stil oder Griff hat.
- Gift für den Rücken sind plötzliche Drehbewegungen oder falsches Heben. Knicken Sie in der Taille nicht ein, sondern gehen Sie in die Hocke, und bedienen Sie sich beim Aufrichten Ihrer Beine. Beladen Sie den Schubkarren nicht zu schwer. Gefahr droht hier beim ruckartigen Anschieben oder wenn die Schubkarre umzukippen droht.
- Übernehmen Sie sich nicht, legen Sie öfter eine Pause ein. Bei Erschöpfung ist das Verletzungsrisiko besonders groß. Gehen Sie im Frühjahr ungewohnte Arbeiten langsam an.
- Ziehen Sie sich warm an, und vermeiden Sie Zugluft. Ein scharfer, kalter Windstoß begünstigt den Hexenschuß.

Bewährte Hausmittel und natürliche Heilmittel

Wenn sich Großvater den Rücken krumm gearbeitet hatte, lief er nicht gleich zum Doktor, sondern fragte Großmutter um Rat. Und die füllte Heublumen oder gekochte Kartoffeln in Stoffbeutel und packte sie auf die schmerzenden Stellen. Und siehe da – es half! Leider sind alte Hausrezepte ziemlich in Vergessenheit geraten, doch gerade bei Verspannungen des Rückens sollte man sie ruhig mal ausprobieren.

Tip:
Greifen Sie nicht sofort zur Tablette, probieren Sie erst einmal die sanften Methoden aus.

Wann helfen natürliche Heilmittel?

Symptome	Mittel/Wirkstoff	Behandlung
Nervenschmerzen mit Taubheitsgefühl oder Kribbeln	Essigwasser	Waschungen, heiße Kompressen, Auflagen und kalte Wickel (nach Besserung)
Nervenschmerzen, Muskelzucken	Eukalyptus-, Rosmarin-, Pfefferminzöl	Einreibungen
Zerrungen (Überdehnung von Muskeln, Gelenkkapseln, Sehnen)	Eisbeutel	Kalte Auflage in den ersten zwei Tagen; danach warme Auflagen. Bei Zerrungen an Armen und Schultern Ruhigstellung mit Dreieckstuch
Muskelschmerzen	Arnikatinktur, frische Fichtenspitzen	Umschläge
Verspannungen, Muskelkater, rheumatische Beschwerden, Hexenschuß	Wacholderbeeren, Heublumen, Johanniskraut, Fichtennadeln, Rosmarin	Als Badezusatz: 1 Pfund Heublumen mit kaltem Wasser ansetzen, langsam auflösen, 30 Minuten ziehen lassen, die abgeseihte Flüssigkeit ins Badewasser geben

Hilfen für Rückengeschädigte

Wer bereits an einer schweren Rückenschädigung leidet, die irreversibel erscheint, findet im Sanitärfachhandel eine gute Auswahl an nützlichen Hilfen. Aber auch vorbeugend läßt sich einiges gegen das Kreuz mit dem Kreuz tun.

Sie finden in einem guten Sanitärfachgeschäft viele nützliche Dinge, die Ihnen helfen, den Alltag trotz Rückenproblemen gut meistern zu können.

Hier einige Utensilien, die das tägliche Leben erleichtern:

- Eine Toilettensitzerhöhung erleichtert das Aufstehen, das aus tiefer Bückhaltung Schwierigkeiten bereitet. Die Aufsätze, die den Sitz um ca. 13 Zentimeter erhöhen, passen auf alle handelsüblichen WC-Becken.
- Toilettenaufstehhilfen aus Aluminiumrohr und vier Gummifüßen (sehen aus wie ein Stuhl ohne Sitzfläche) werden über das WC gestellt. An den beiden Lehnen kann man sich mit den Händen gut hochstemmen.
- Der Badewannen-Aufstehgriff gibt einen guten Halt beim Ein- und Aussteigen.
- Der Wannenlift hilft allen, die Probleme haben, in die Badewanne hinein- und wieder herauszukommen. Das praktische Sitzgestell paßt in jede Wanne und arbeitet mit Wasserdruck (ist allerdings recht teuer).
- Der Aufstehbügel mit Trapezgriff erleichtert das Aufrichten im Bett. Er kann auch an den Stuhl oder ans Sofa gestellt werden.
- Die Stehhilfe mit höhenverstellbarer Sitzschale entlastet Beine und Wirbelsäule. Sie ist überall einsetzbar, wo man stehen muß und nicht sitzen kann, z. B. beim Bügeln.
- Rückeneinreibebänder ermöglichen jedem, der allein lebt, ohne fremde Hilfe medizinische Salben auf seinen Rücken aufzutragen.
- Reflexzonenbälle – das sind Kunststoffkugeln mit vielen Noppen (»Igel«) eignen sich sehr gut zur Massage tauber Körperregionen.
- Eine Thermobandage aus Neopren hält die Muskeln

warm (wichtig beim Sport, bei Arbeiten in Kälte und Nässe). Dic anatomisch geformte Bandage umschließt Taille und Hüfte.

- Ein Stufenbettkissen entlastet speziell die Bandscheiben im Lendenwirbelsäulenbereich. Das würfelförmige Kissen (ca. 50 mal 50 Zentimeter) wird so im Bett positioniert, daß die Unterschenkel möglichst rechtwinklig darauf lagern, denn der Druck auf die Bandscheiben hängt sehr stark von der körperlichen Haltung ab.
- Mit einer Rolle kann im Liegen das Hohlkreuz ausgeglichen werden. Sie eignet sich auch gut zum Weichlagern der Knie, des Nackens oder der Taille (in Seitenlage).
- Weil langes Sitzen der Wirbelsäule schadet, sollte ein Teil der Arbeit im Stehen erledigt werden. Dabei hilft ein modernes Stehpult, das sich platzsparend auf den Schreibtisch montieren läßt.

TIP:
Lassen Sie sich beraten, welche der vielen verschiedenen Hilfsmittel speziell für Sie in Frage kommen.

Wer Rückenleiden hat und alleine lebt oder gepflegt werden muß, kann sich viele Arbeiten zu Hause mit speziellen Halterungen und Hilfsmitteln erleichtern.

Pflichtfach Rückenschule

In einer Rückenschule lernen Sie alles, was Ihrer Wirbelsäule guttut: richtiges Verhalten im Alltag, muskelkräftigende Gymnastik sowie gezielte Übungen zur Entspannung.

Da der zivilisierte Mensch das natürliche Empfinden für seinen Körper verloren hat, sollte die Rückenschule eigentlich zum Pflichtfach für jedermann werden. Die Rückenschulkurse sollten von diplomierten Physiotherapeuten, Krankengymnasten oder Ärzten geleitet werden. Angeboten werden sie von Sportvereinen, Krankenkassen, Volkshochschulen oder Fitneßklubs. Die Kosten übernehmen zum Teil die Kassen.

Verhaltenstraining für gebeugte Menschen

Rückenschulen bieten keine Gymnastik im herkömmlichen Sinne an, sondern Verhaltenstraining. Vermittelt werden rückengerechte Verhaltensweisen im Alltag, richtiges Bükken, Heben und Strecken. Zum Spezialtraining gehören aber auch vorbeugende und kräftigende Rückenübungen sowie gezieltes Entspannen. Dadurch werden Fehlhaltungen ausgeglichen, stark beanspruchte Muskelpartien entlastet und Schmerzen gelindert.

Die zehn Rückengebote

1. Du sollst dich bewegen!
2. Halte den Rücken gerade!
3. Geh beim Bücken in die Hocke!
4. Hebe keine schweren Gegenstände!
5. Verteile Lasten, halte sie dicht am Körper!
6. Stütze den Oberkörper beim Sitzen mit den Armen ab!
7. Steh nicht mit geraden Beinen!
8. Ziehe beim Liegen die Beine an!
9. Treibe Sport, am besten Schwimmen, Laufen oder Radfahren!
10. Trainiere täglich deine Wirbelsäulenmuskeln!

(Nach: Prof. Dr. Jürgen Krämer, Bochum)

Aktivprogramm gegen Rückenschmerzen

Schon im normalen Alltagsleben können Sie viel für Ihren Rücken tun: zu Hause, auf dem Weg zur Arbeit, im Beruf und in der Freizeit. Die folgenden Übungen und Bilder sind Teil des Computerprogramms »aktiv & gesund Gymnastik«, das die Barmer Ersatzkasse zusammen mit der Deutschen Sporthochschule Köln und dem sportmedizinischen Institut der Universität Paderborn erarbeitet hat.

Für den Morgen

- Beginnen Sie den Tag aktiv. Recken und strecken Sie sich im Bett, rollen Sie sich auf die Seite.
- Vor dem Aufstehen auf die Bettkante setzen und nochmals mit erhobenen Armen recken und strecken.
- Beim Zähneputzen: Nicht nach vorne neigen, sondern gerade und locker stehen, dabei Füße abwechselnd auf- und abrollen.

Selbst wenn Sie nur einige der Ratschläge beherzigen, sind Sie bereits auf dem richtigen Weg.

Vorbeugung beginnt schon am Morgen: Erste Streckübungen im Bett machen munter und schützen vor hastigen und falschen Bewegungen, wenn Sie aufstehen.

Auf dem Weg zur Arbeit

TIP:
Werden Sie aktiver! Steigen Sie öfter mal aufs Fahrrad oder gehen Sie zu Fuß.

- Warum nicht mal den Wagen stehenlassen und zu Fuß gehen? Und wenn es nur ein Teil der Strecke ist!
- Mit dem Fahrrad zur Arbeit fahren (z. B. im Sommer).

Für den Sitzplatz im Büro

- Beide Füße sollten den Boden berühren. Pendeln die Füße in der Luft, können Sie sich mit einem einfachen Fußkeil helfen.
- Nie lange steif sitzen, jede Bewegung ist gesund. Beim Telefonieren mal nach hinten lehnen, mal vorn auf dem Tisch abstützen.
- Stützen Sie sich zwischendurch mit den Händen am Schreibtisch ab – so nehmen Sie Ihr Gewicht von den Bandscheiben und entlasten die Wirbelsäule.
- Stützen Sie die Ellbogen auf der Stuhllehne auf – dies entlastet Muskulatur und Bandscheiben.

Lange Schreibtischarbeit schadet dem Rücken. Sorgen Sie deshalb mit kurzen, leichten Übungen am Platz für die nötige Bewegung und Muskelentspannung.

Trainingsprogramm am Arbeitsplatz: Wenige Minuten Gymnastik machen locker und schnell wieder fit. Probieren Sie die Übungen auch mal gemeinsam mit Ihren Kollegen aus!

- Schultern langsam hochziehen und bewußt nach unten führen. Jeweils einige Sekunden halten. Danach lösen und lockern.
- Rumpf dehnen: Po anspannen, die Arme gestreckt zurückführen.
- Ellbogen in Schulterhöhe langsam nach hinten ziehen – so kräftigen Sie die Muskulatur im Schulterbereich.
- Zur Nackendehnung langsam den Kopf zu einer Seite neigen und den entgegengesetzten Arm nach unten ziehen; abwechselnd links und rechts.
- Entspannung für den Nacken: Mit beiden Händen den Nacken ausstreichen, danach die Arme gut lockern, mehrmals wiederholen.
- Zur Entlastung der Wirbelsäule: Recken und strecken!
- Die Wirbelsäule beweglich machen: Po leicht anspannen, Oberkörper langsam nach rechts und links drehen.
- Dehnung der Rumpfseite: Po nicht von der Sitzfläche abheben, Rumpf langsam zur Seite neigen. Gleichmäßig atmen. Die Seiten wechseln.

TIP:

Versuchen Sie zur Entspannung immer wieder zwischendurch einige dieser Übungen durchzuführen. Sie werden sehen, wie gut das auch Ihrer Konzentrationsfähigkeit bekommt.

TIP:
Verzichten Sie so oft wie möglich auf Rolltreppe oder Lift. Rasches Treppensteigen bringt Kondition, ist gut gegen Venenerkrankungen und hilft verspannte Rückenmuskeln wieder zu lockern.

- Dehnung von Hüfte und Beinvorderseite: Gesäß und Bauch anspannen, Hüfte nach vorne schieben. Nicht ins Hohlkreuz fallen.
- Kräftigung von unserem Rücken und Po: Abwechselnd ein Bein nach hinten wegstrecken und einige Sekunden halten. Dabei gleichmäßig atmen.
- Arm und diagonales Bein leicht nach hinten strecken. Abwechselnd links und rechts. Nicht ins Hohlkreuz fallen. Danach Arme und Beine lockern.
- Mit gestreckten Armen an den Stuhllehnen hochstemmen, der Oberkörper bleibt locker – dies entlastet Muskulatur und Bandscheiben.
- Dehnung der Brust: Hand über Schulterhöhe fixieren, Gewicht langsam nach vorn verlagern. Die Seiten wechseln!

Für alle, die viel stehen müssen

- Zur Entlastung zwischendurch an der Wand anlehnen oder eine Stehhilfe benutzen.

Wenn Sie den ganzen Tag stehen müssen, spüren Sie schnell Ihre Füße und den Rücken. Wechseln Sie mehrmals Ihre Schuhe, das hilft den Füßen. Und für den Rücken gibt es leichte Bewegungsübungen.

Sorgen Sie dafür, daß Sie während der Arbeit immer wieder in Bewegung kommen. Und wenn Sie nicht zwischendurch mal Treppensteigen können, in die Hocke gehen oder sich strecken müssen, dann machen Sie daraus kleine Rückenübungen.

- Stehen Sie dynamisch: Von einem Bein auf das andere treten – Ihre Gelenke werden entlastet, das Blut kann besser zirkulieren.
- Abwechselnd linkes und rechtes Bein hochstellen – das entlastet Beine und Rücken.
- Ellbogen aufstützen – das entlastet den Rücken.
- Dehnung des Rückens: Po leicht anspannen, Becken nach vorne schieben, Oberkörper langsam einrollen.
- Kräftigung von Bauch und Hüfte: Hände und angewinkeltes Knie einige Sekunden gegeneinanderdrücken und wieder entspannen. Gleichmäßig atmen!
- Dehnung von Hüfte und Beinvorderseite: Po anspannen, Hüfte nach vorn schieben. Nicht ins Hohlkreuz fallen.
- Kräftigung von Rücken und Po: Arm und Bein diagonal strecken, danach lockern. Nicht ins Hohlkreuz fallen.
- Kräftigung von Po und Beinen: Knie langsam beugen und strecken. Nicht tiefer als 90 Grad im Kniegelenk beugen.
- Dehnung Beinvorderseite: Po leicht anspannen, Hüfte nach vorn schieben. Die Seiten wechseln. Nicht ins Hohlkreuz fallen.

Menschen, die beruflich den ganzen Tag stehen müssen, leiden sehr häufig unter Rückenproblemen. Für sie sind nebenstehende Übungen besonders wichtig.

Falsches Heben erschwert unnötig die Last. Schonen Sie Ihren Rücken durch richtiges Anheben von schweren Gegenständen!

Richtiges Heben und Tragen

TIP:
Gehen Sie lieber zweimal, bevor Sie sich mit zuviel schweren Dingen auf einmal abschleppen!

- Heben Sie mit leicht gegrätschter Beinstellung aus der Kniebeuge heraus. Nehmen Sie vor dem Heben Spannung in Ihrem Körper auf, um das Gewicht zu »packen«. Der Gegenstand sollte so nah wie möglich am Körper und nicht ruck- oder schwunghaft, sondern gleichmäßig gehoben und abgesetzt werden. Unbedingt Drehungen vermeiden!
- Tragen Sie einen schweren Gegenstand nah am Körper, wenn möglich in Bauchnabelhöhe. Stützen Sie Ihre Arme oder das Gewicht am Körper ab!
- Verteilen Sie mehrere Lasten gleichmäßig auf beide Arme. Drehungen im Oberkörper grundsätzlich vermeiden.
- Kein falscher Ehrgeiz: Bitten Sie jemanden um Hilfe, wenn ein Gewicht für Sie zu schwer ist.

In der freien Natur

- Beim Wandern die Arme locker schwingen lassen: Dies entspannt und entkrampft.
- Zur Dehnung der Brustmuskulatur fixieren Sie die Hand über der Schulterhöhe und verlagern Ihr Gewicht nach vorn.
- Zur Dehnung der Hüftbeuger spannen Sie Ihren Po an, führen das Knie zurück.
- Spüren Sie die Spannung, indem Sie sich recken und strecken. Entspannen Sie, indem Sie die Arme nach vorn fallen lassen.

TIP:
Achten Sie darauf, bei den Übungen nicht die Luft anzuhalten, sondern immer gleichmäßig und ruhig weiter ein- und auszuatmen.

Auch beim Wandern kann man sich verspannen, wenn man die Bewegungen nicht gewohnt ist. Versuchen Sie, sich weitgehend von Taschen frei zu halten, damit Ihr Körper nicht einseitig belastet wird.

Im Schwimmbad

TIP:
Nutzen Sie Warmbadetage im Schwimmbad. Die höheren Wassertemperaturen wirken sich günstig auf Ihren Rücken aus.

- Mit langen Schritten und betontem Armeinsatz im Wasser gehen (8 bis 10 Meter, dann 20 bis 30 Sekunden Pause, 4- bis 6mal).
- Mit Armeinsatz zügig rückwärts gehen (8 bis 10 Meter, 20 bis 30 Sekunden Pause, 4- bis 6mal).
- Arme unter Wasser langsam von links nach rechts und zurückführen (12- bis 20mal).
- Mit nach vorn gerichteten Handflächen boxen (20mal, 20 bis 30 Sekunden Pause, 2- bis 4mal).

In Schwimmbädern werden immer wieder Kurse zur Wassergymnastik angeboten. Wenn Sie die Übungen, z.B. bewußtes Gehen im Nichtschwimmerbecken, beherrschen, können Sie sie auch alleine machen.

Bandscheibenvorfall – Fragen an den Orthopäden

Ein Bandscheibenvorfall ist ein schwer belastendes Ereignis für den Patienten. Es tauchen dann erfahrungsgemäß viele Fragen zu Diagnose und Therapie auf. Trauen Sie sich nur, Ihren Arzt ganz genau alles zu fragen.

Muß ein Bandscheibenvorfall auf jeden Fall operiert werden?
Nein. Rund 70 Prozent aller Patienten mit Bandscheibenvorfällen sind ohne Operation nach ein paar Wochen wieder beschwerdefrei.

Ist der Vorfall dann verschwunden?
Nein, aber die schmerzhafte Entzündung in dem umliegenden Gewebe hat sich zurückgebildet.

Gibt es denn auch Bandscheibenvorfälle, die nicht weh tun?
Das ist durchaus möglich. Eine amerikanische Studie mit gesunden Testpersonen ergab, daß 14 Prozent einen Bandscheibenvorfall hatten, ohne jemals Rückenschmerzen verspürt zu haben. Hier spricht man von stummen Bandscheibenvorfällen.

Sichere Diagnose

Kann man einen Bandscheibenvorfall auf Röntgenaufnahmen erkennen?
Nein. Auf Röntgenbildern sieht man im wesentlichen nur die knöchernen Anteile des Körpers. Die Bandscheiben, die zwischen den Wirbelkörpern liegen, sind unsichtbar. Man kann lediglich aus dem Abstand zwischen zwei Wirbelkörpern auf die Höhe einer Bandscheibe und damit auf ihren Abnutzungszustand oder eine mögliche Fehllage schließen.

Keine Angst vor der Apparatemedizin. Die sogenannten bildgebenden Verfahren wie Computer- oder Kernspintomographie liefern schmerz- und gefahrlos Bilder aus Ihrem Körperinneren, die helfen, eine sichere Diagnose zu stellen.

Wie stellt der Arzt dann einen Vorfall fest?
Letzte Sicherheit liefert eine Computer- oder Kernspintomographie.

Was versteht man darunter?
Bei der Computertomographie wird die Wirbelsäule aus mehreren verschiedenen Stellungen geröntgt. Die Ergebnisse dieser Röntgenaufnahmen verarbeitet der Computer zu einem Querschnittsbild. Dadurch kann man – anders als bei einem normalen Röntgenbild – auch die Strukturen von Bandscheiben erkennen.
Bei der Kernspintomographie – die erst seit wenigen Jahren in der Medizin eingesetzt wird – wird der Patient in einem Magnetfeld untersucht. Die Bilder zeigen die Wirbelsäule gestochen scharf. Neben den Knochen und Bandscheiben sind sogar Bänder und Narbengewebe fast wie in natura zu erkennen.

Sind die Untersuchungen mit Unannehmlichkeiten verbunden?
Nein. Beide Untersuchungen sind schmerzlos. Menschen, die an Klaustrophobie (Angst vor dem Aufenthalt in geschlossenen Räumen) leiden, können allerdings Beklemmungen bekommen, weil sie in eine enge, geschlossene Röhre geschoben werden. Aber sie sind ständig über ein Mikrophon mit dem Röntgenpersonal verbunden. Außerdem kann man sich vor der Untersuchung ein Beruhigungsmittel geben lassen.

Wann muß ich mich zu einer Operation entschließen?
Wenn wesentliche Lähmungserscheinungen an Armen oder Beinen auftreten, ist eine Operation innerhalb weniger Tage angeraten. In sehr seltenen Fällen allerdings drückt das Bandscheibengewebe auf die Nerven, die für Stuhl- und Harnentleerung verantwortlich sind. Dann muß der Patient sofort unters Messer.

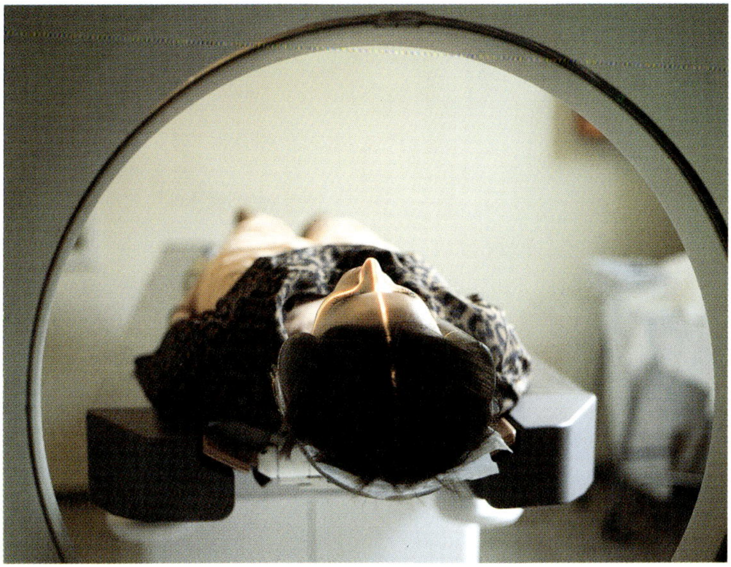

Eine Computer- und Kernspintomographie ist nicht schmerzhaft und mit einer Röntgenuntersuchung zu vergleichen. Der ganze Körper wird in eine Röhre geschoben und muß für die Dauer der Untersuchung ruhig liegen.

Was würde passieren, wenn ich mich trotzdem nicht operieren lasse?
Wenn Bandscheibengewebe über längere Zeit auf die Nervenwurzel drückt, besteht die Gefahr, daß sich die Lähmungen nicht mehr zurückbilden. Sind Blase und Darm betroffen, droht ein dauernder Kontrollverlust über deren Funktionen.

Scheuen Sie sich nicht, Ihrem Arzt alle Fragen zu stellen, die Ihnen auf dem Herzen liegen – es geht schließlich um Ihre Gesundheit!

Verschiedene Operationstechniken

Welche Operationstechniken gibt es?
Es gibt verschiedene Verfahren, um vorgefallenes Bandscheibengewebe zu entfernen: die offene Operation mit oder ohne Mikroskop, die Operation durch eine Metallsonde, die Operation mit Laser und die Auflösungsmethode. Am häufigsten angewendet wird die offene Operation, bei der ein etwa vier Zentimeter langer Schnitt im Rücken erforderlich ist. Die Narbe ist später fast unsichtbar.

Bevor Sie sich unters Messer begeben, ist es ratsam, das Für und Wider auf das genaueste mit Ihrem Arzt abzuwägen.

Was passiert bei der offenen Operation?
Der Patient liegt mit gekrümmtem Rücken in »Häschenstellung« auf dem OP-Tisch. In Vollnarkose wird die Haut über der Lendenwirbelsäule geöffnet. Der Chirurg schiebt die Muskulatur beiseite und erreicht nach Abdrängen der Nervenwurzel die Bandscheibe. Dann kann der weiche Bandscheibenkern samt vorgefallenem Gewebe mit Faßzangen ausgeräumt werden.

Wie funktioniert die Operation mit einer Metallsonde?
Bei dieser Operation reicht eine örtliche Betäubung. Unter Röntgenkontrolle wird eine Metallsonde durch die Haut bis zur Bandscheibe geschoben. An der Spitze der Sonde befindet sich eine wenige Millimeter große Öffnung, durch die das Bandscheibengewebe angesaugt, abgetrennt und entfernt wird.

Was versteht man unter einer Laserbehandlung?
Der Chirurg dringt ebenfalls mit einer Sonde durch die Haut bis zur Bandscheibe vor. In diesem Fall wird das störende Bandscheibengewebe mit einem Laserstrahl verdampft. Der Patient muß nur örtlich betäubt werden.

Und was geschieht bei der Auflösungsmethode?
Bei dieser sogenannten Chemonukleolyse sticht der Chirurg unter Röntgenkontrolle eine Art Spritze in den Bandscheibenraum. Die Gallertmasse zwischen den Wirbeln wird mit einem Extrakt der Papayafrucht verflüssigt. Dadurch läßt der Druck der Bandscheibe auf die Nervenwurzel nach.

Welche Operationstechnik sollte man vorziehen?
Das kommt auf das Krankheitsbild an. Außerdem spielen die Erfahrungen des Operateurs und seine technische Ausstattung eine Rolle. Wenn Bandscheibengewebe bereits in den Rückenmarkskanal gerutscht ist, kommt derzeit nur eine of-

fene Operation in Frage. Das gleiche gilt für Vorfälle im Bereich der Halswirbelsäule.

Wie lange muß man im Krankenhaus bleiben?
Wenn alles normal verläuft, etwa ein bis zwei Wochen.

Was ist, wenn nach einer Operation Lähmungen zurückbleiben?
Wird das Gehen dadurch behindert, gibt es orthopädische Hilfen, z. B. Plastikschienen, um einen »Schlappfuß« auszugleichen. Ein Fortschreiten der Lähmungen braucht man nicht zu befürchten.

Wie würde die Behandlung eines Bandscheibenvorfalls ohne Operation aussehen?
Zunächst sollten die Schmerzen bekämpft werden, damit sich die Muskulatur besser entspannen kann. Der Arzt spritzt örtliche Betäubungsmittel direkt an die Nervenwurzeln, in die Muskulatur und in die Gelenke, oder er verordnet vorübergehend ein Schmerzmittel. Auch das Strecken der Wirbelsäule, Stangerbäder und Krankengymnastik sind bewährte, sogenannte konservative Maßnahmen, um das normale Spiel der Muskulatur wiederherzustellen. Vorsicht ist bei der Chirotherapie geboten, denn sie kann den Zustand verschlimmern.

Eine konservative Behandlung bedeutet, daß auf operative Methoden verzichtet wird und eine Erkrankung nur mit Hilfe von z. B. Medikamenten, Spritzen, Bädern und Physiotherapie geheilt wird.

Wie lange darf so eine konservative Behandlung dauern?
Wenn keine Lähmungen vorliegen, gibt es keine zeitliche Begrenzung. Der Patient sollte bei einer erfolglosen Behandlung selbst entscheiden, ob er den Leidensdruck noch länger aushalten will.

Gibt es auch im Nacken Bandscheibenvorfälle?
Ja, aber seltener als in der Lendenwirbelsäule. Fast immer treten die Vorfälle in der unteren Halswirbelsäule auf und strahlen dann in die Arme aus.

Oft läßt sich die Einnahme von schmerz- und entzündungshemmenden Medikamenten nicht umgehen. Kurzfristig und nach Vorschrift eingenommen, ist gegen diese Mittel nichts einzuwenden.

Kann man diese Vorfälle auch operieren?
Ja. Allerdings ist der Eingriff dort komplizierter und gefährlicher. Hier wird man sich noch eher zu einer nichtoperativen Behandlung entschließen.

Und wie sähe die aus?
Meist helfen schon eine Halskrause zur Ruhigstellung sowie schmerz- und entzündungshemmende Medikamente, sogenannte Antirheumatika.

Wie gefährlich sind diese Medikamente?
Wie man bereits den Beipackzetteln entnehmen kann, können sich eine ganze Reihe von unerwünschten Nebenwirkungen einstellen, von Übelkeit, Erbrechen und Durchfall bis zu Ohrensausen und Nierenschädigungen. Gegen eine kurzfristige Einnahme ist dennoch nichts einzuwenden, weil die Wirksamkeit unbestritten ist. Ist eine längere Behandlung erforderlich, sollte man natürliche Heilmethoden vorziehen.

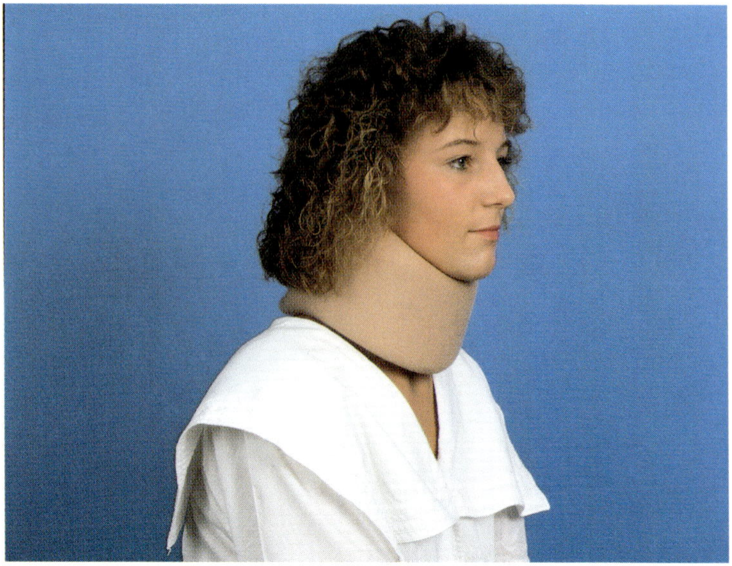

Die Halskrause (auch Krawatte) wird bei Zerrungen in der Halswirbelsäule oder bei einem Bandscheibenvorfall angelegt. Sie sollte nicht zu lange verwendet werden, da die Muskulatur erschlafft, wenn sie nicht beansprucht wird.

Berufsunfähig durch Rückenschmerzen

Rückenleiden als Berufskrankheit

Seit Januar 1993 können Rückenleiden als Berufskrankheit anerkannt werden. Das heißt: Die deutschen Berufsgenossenschaften zahlen eine Rente, wenn die berufliche Tätigkeit als Ursache einer bandscheibenbedingten Erkrankung (Verschleiß im Bereich der Hals- oder der Lendenwirbelsäule) festgestellt werden konnte.

Dabei werden grundsätzlich nur chronische Wirbelsäulenschäden anerkannt, die durch erhebliche mechanische Belastung bei der Arbeit entstanden sind. Außerdem muß die Erkrankung nach dem 1. April 1988 zur Aufgabe der schädigenden Tätigkeit geführt haben. Die Minderung der Erwerbsfähigkeit (MdE) wird bei Berufskrankheiten an der Wirbelsäule fast immer mit 10 bis 30 Prozent eingestuft.

Die Checkliste auf Seite 88 zeigt, welche Kriterien bei der Anerkennung als Berufskrankheit zugrunde gelegt werden.

Rückenleiden und Schwerbehinderung

Auch bei der Feststellung einer Schwerbehinderung fällt ein Rückenleiden ins Gewicht, insbesondere hinsichtlich der Sicherung des Arbeitsplatzes, bei Steuererleichterungen oder bei Ansprüchen auf einen Sitzplatz in der U-Bahn. Ähnlich

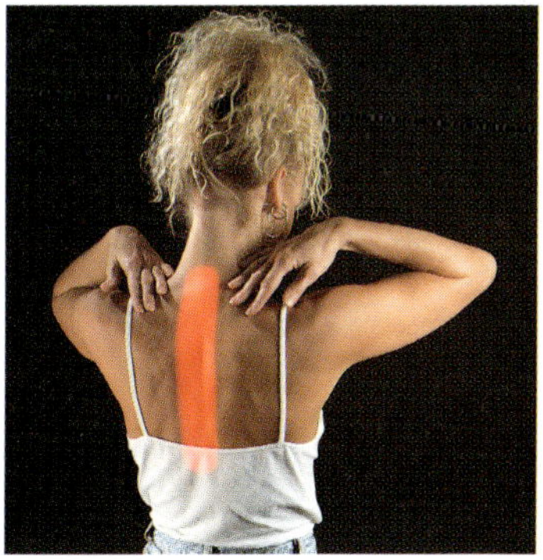

Die Wirbelsäule – durch viele Berufe gefährdet

Damit eine bandscheibenbedingte Erkrankung der Wirbelsäule als Berufskrankheit anerkannt wird, müssen viele verschiedene Kriterien erfüllt sein.

Ein Schaden Ihrer Lendenwirbelsäule (LWS) oder der Halswirbelsäule (HWS) wird nur dann als Berufskrankheit anerkannt, wenn Sie die Bedingungen der entsprechenden Gruppe in nebenstehender Checkliste erfüllen.

Checkliste: Berufskrankheit

Gruppe 1

LWS-Schaden durch Heben und Tragen oder durch extreme Rumpfbeugung

- Erheblicher Verschleiß der Lendenwirbelsäule, der sich nicht auf angeborene Veränderungen zurückführen läßt
- Extreme Rumpfbeugehaltung mit einer Beugung des Oberkörpers aus aufrechter Haltung von mindestens 90 Grad oder bei Arbeit in Räumen von maximal 1 Meter Höhe
- Mindestens 10jährige Tätigkeit mit regelmäßigem schweren Heben und Tragen
- Zugehörigkeit zur Gruppe der gefährdeten Berufe: Bergmann; Maurer; Steinsetzer; Stahlbetonbauer; Möbel-, Kohle-, Fleisch- und anderer Lastenträger; Landwirt; Fischer; Waldarbeiter; Beschäftigter in der Kranken-, Alten- und Behindertenpflege

Gruppe 2

HWS-Schaden durch Tragen auf der Schulter

- Erheblicher Verschleiß der Halswirbelsäule, der nicht auf angeborene Veränderungen zurückzuführen ist
- Tragen von Lastgewichten von mehr als 50 kg auf der Schulter über mehr als 10 Jahre, regelmäßig und häufig in der überwiegenden Zahl der Arbeitsschichten
- Zugehörigkeit zur Gruppe der gefährdeten Berufe: speziell Fleischträger (Schlachthof); Kohleträger

Gruppe 3

LWS-Schaden durch Ganzkörperschwingungen

- Krankheiten wie Gruppe 1
- Mindestens 10jährige Tätigkeit, bei der der Betroffene im Sitzen sehr starken, auch stoßhaltigen Schwingungen des ganzen Körpers ausgesetzt war
- Zugehörigkeit zur Gruppe der gefährdeten Berufe: Fahrer von Baustellen-Lkw, land- und forstwirtschaftlichen Schleppern, Baggern, Straßen-, Boden-, Erdhobeln, Schürfwagen, Rad- und Kettenladern, Raddozern, Gabelstaplern auf unebenen Fahrbahnen (Hofflächen, Pflaster), Militärfahrzeugen im Gelände

wie bei den Berufskrankheiten liegt auch bei den Verschleiß- und Abnutzungsveränderungen der Wirbelsäule die »Schallgrenze« bei 30 Prozent. Nur außergewöhnliche Schmerzzustände oder gravierende Nervenschädigungen bzw. Lähmungen werden zusätzlich bewertet.

Rückenleiden und vorzeitige Rente

Immer mehr Menschen müssen ihre Arbeit vorzeitig aufgeben, weil der Rücken nicht mehr mitmacht. Die folgenden Tätigkeiten sind bei einem schwerwiegenden Leiden nicht mehr zumutbar und werden bei einem Rentenantrag entsprechend berücksichtigt.

Berentungsrelevante Tätigkeiten

- Bei Veränderungen der Halswirbelsäule:

  Überkopfarbeiten (z. B. Anstreicher, Monteur, Bibliotheksangestellter), Drehbewegungen (z. B. Berufskraftfahrer, Tennisschiedsrichter) und monotone Kopfhaltungen (z. B. bei Phonotypistinnen und an Computerarbeitsplätzen)

- Bei Veränderungen der Lendenwirbelsäule:

  Schweres Heben und Tragen (siehe Berufskrankheiten); häufiges Arbeiten in einer Haltung, bei der man weit nach vorn gebeugt steht (z. B. Gärtner, Waldarbeiter); anhaltende Steharbeiten (z. B. Dreher, Fräser) oder Sitzarbeiten (z. B. Bürokraft); Arbeiten auf schwankendem Untergrund (z. B. Seemann, Stewardeß); Arbeiten auf rüttelnder Unterlage (z. B. Fernfahrer)

- Bei allen Verschleißerscheinungen an der Wirbelsäule:
  Ständiges Arbeiten in Zug, Kälte, Nässe

Wichtig:
Achten Sie darauf, daß an Ihrem Arbeitsplatz die gesetzlich vorgeschriebenen Maßnahmen zum Gesundheitsschutz eingehalten werden, und nutzen Sie die in Ihrem Betrieb angebotenen Vorsorgeuntersuchungen.

Vorbeugung ist das beste Mittel gegen Rückenleiden. Sorgen Sie für viel Bewegung, am besten an der frischen Luft. Treiben Sie regelmäßig Sportarten, die Ihnen liegen und Spaß machen. Ergänzen Sie Ihr Aktivprogramm täglich mit Dehn- und Streckübungen für den Rücken.

Kleines Lexikon der wichtigsten orthopädischen Fachbegriffe

Arthritis
Gelenkentzündung

Arthrose
Degenerative Gelenkveränderung (Verschleiß)

BWS:
Brustwirbelsäule

Cervikalgie
Halswirbelsäulenschmerz

Cervikalsyndrom
Unbestimmte Krankheit der Halswirbelsäule

Computertomographie
Spezielles, computerunterstütztes Verfahren der Röntgendiagnostik, bei dem der Körper schichtweise dargestellt wird

Diszitis
Bandscheibenentzündung

Diskopathie
Bandscheibenschaden

Dura
Harte Rückenmarkshaut

Elektromyographie (EMG)
Diagnoseverfahren, das Aufschluß über eine Nervenschädigung gibt

Exostose
Knochengeschwulst

Extension
Behandlung von Kreuzschmerzen durch Zug an der Wirbelsäule in entgegengesetzte Richtungen

Fraktur
Knochenbruch

HWS
Halswirbelsäule

HWS-Syndrom
Siehe Cervikalsyndrom

Hyperextension
Überstreckung

Ischialgie
Rückenschmerzen ins Bein ausstrahlend (z. B. durch Bandscheibenvorfall)

Knochenszintigraphie
Untersuchungsverfahren, bei dem eine

radioaktive Substanz gespritzt wird, die sich an Stellen erhöhten Stoffwechsels anreichert (z. B. zur Feststellung von Brüchen, Tumoren oder Infektionen im Bereich von Skelett und Gelenken)

Kyphose
Wirbelsäulenkrümmung

Lumbalgie
Schmerzen im Lendenwirbelsäulenbereich

Lumbalsyndrom
Unbestimmte Erkrankung der Lendenwirbelsäule

Lumboischialgie
Schmerzen im Lendenwirbelsäulenbereich, die ins Bein ausstrahlen

LWS
Lendenwirbelsäule

LWS-Syndrom
Siehe Lumbalsyndrom

Neurochirurg
Chirurgischer Facharzt, der speziell Operationen am Nervensystem und am Gehirn ausführt

Neurologe
Facharzt für Erkrankungen des Nervensystems

Nukleotomie
Gebräuchliche, aber recht ungenaue Bezeichnung für die Bandscheibenoperation

Osteoporose
Knochenbrüchigkeit durch Entkalkung

Prolaps
Vorfall; Hervortreten von Geweben oder Organen

Protrusion
Vorwölbung

Skoliose
Seitliche Wirbelsäulenverkrümmung

Spasmus
Muskelkrampf

Spinalstenose
Wirbelkanalverengung

Spondylitis
Entzündung eines oder mehrerer Wirbel

Spondylolisthesis
Wirbelgleiten; durch einen Defekt im Wirbelbereich ist ein Wirbel nach vorn verrutscht

Spondylodese
Operative Wirbelsäulenversteifung

Wichtige Adressen

Hier finden Schmerzpatienten Rat und Hilfe:
Deutsche Schmerzliga e. V., Postfach 10 08 34,
60008 Frankfurt, Tel. (0 69) 29 98 80 75
Deutsche Schmerzhilfe, Woldsenweg 3,
20249 Hamburg, Tel. (0 40) 46 56 46.

Hier erhalten Sie Anschriften von Akupunkturärzten in Deutschland und Österreich:
Österreichische Gesellschaft für Akupunktur und Aurikulotherapie,
Kaiserin-Elisabeth-Spital, Huglgasse 1-3,
A 1150 Wien, Tel. (0222) 98 10 4-2 61.

Ein Verzeichnis der deutschen Heilbäder und Kurorte erhalten sie bei:
Deutscher Bäderverband e.V., Schumannstraße 111,
53113 Bonn, Tel. (02 28) 26 20-10 + -20.

Eine Liste mit Namen von Hypnosetherapeuten erhält man von der:
Milton-Erickson-Gesellschaft für klinische Hypnose,
Konradstraße 16, 80801 München,
Tel. (0 89) 33 62 56 (montags von 9.30–10 Uhr).

Informationen zu Ayurveda erhalten Sie vom:
Ayurveda-Gesundheitszentrum, Am Berg 5a,
49143 Bissendorf, Tel. (0 54 02) 7 54 51.

Informationen zur Rückenschule gibt es beim:
Bundesverband der deutschen Rückenschule (BdR),
Rosenheimer Straße 53, 83043 Bad Aibling.

Bei den nebenstehenden Adressen erhalten Sie weitere wichtige Informationen zum Thema und teilweise auch Anschriften von speziellen Therapeuten.

Impressum

2., korrigierte Auflage 1996

Lektorat:
Thomas May
Medizinische Fachberatung:
Dr. med. Christiane Lentz
Redaktionsleitung:
Josef K. Pöllath
Bildredaktion:
Barbara Glöggler
Produktion:
Manfred Metzger
Illustrationen:
Kirsten Laves
Umschlag/DTP/Satz:
Wolfgang Lehner
Grafisches Konzept:
Christine Paxmann, München
Druck:
Color-Offset, München
Bindung:
R. Oldenbourg, München
Printed in Germany

Gedruckt auf chlor- und säurearmem Papier
ISBN 3-517-01695-0

Über die Autoren

Ulrich Berger war 25 Jahre lang Zeitschriftenressortleiter für Sachthemen, heute arbeitet er als freier Autor. Nach zwei Bandscheibenoperationen beschäftigte er sich intensiv mit dem Thema Rückenschmerzen.

Dr. med. Egbert Stephan ist Orthopäde in Hamburg. Stationen seiner ärztlichen Laufbahn waren renommierte Kliniken in Deutschland und England. Zusätzlich erwarb er eine Spezialausbildung in Chirotherapie und Akupunktur in Wien.

Literatur

Herbers, Jürgen: Ratgeber Rückenschmerzen. Dreisam Verlag. Köln 1993
Leibold, Gerhard: Bewährte Naturheilverfahren bei Rückenschmerzen. Falken Verlag. Niedernhausen 1994
Peschek-Böhmer, Dr. Flora: Natürlich heilen mit Wasser. Südwest Verlag. München 1995
Reichel, Hilde: Hilfe bei Rückenschmerzen. Sportinform Verlag. Oberhaching 1994
Wellman, J./Lentz, Dr. Chr.: Medikamentenführer. Südwest Verlag. München 1995

Hinweis

Das vorliegende Buch ist sorgfältig erarbeitet worden. Dennoch erfolgen alle Angaben ohne Gewähr. Weder Autoren noch Verlag können für eventuelle Nachteile oder Schäden, die aus den im Buch gemachten praktischen Hinweisen resultieren, eine Haftung übernehmen.

Bildnachweis

Arjo-Systeme: 71; Barmer Ersatzkasse: 74, 75, 76, 77, 78, 79, 80; das Fotoarchiv: 22 (Lynn Johnson), 31, 64 (Bernhard Nimtsch), 35 (Peter Korniss); IFA-Bilderteam: 6 (Diaf), 86 (Schramm), 87 (Marc); Mauritius: Titelbild (U1) (Weinhäupl), 5 (Superstock), 47 (Cash), 49 (E. Gebhardt), 53 (Hubatka); Alfred Pasieka: 55; Hans Seidenabel: 45; Dr. Lothar Reinbacher: 27, 39, 44, 83; Tony Stone: 1 (Zigy Kaluzny), 17 (Chad Slattery), 19, U4 (Andre Perlstein), 73 (Andy Cox), 90 (Dan Bosler)

Register